大学物理实验及创新实训

（力学、热学部分）

主　编　杨建荣　毛杰键
副主编　严仙荣　吴奇成　何　星

上海交通大学出版社
SHANGHAI JIAO TONG UNIVERSITY PRESS

内容提要

本书为大学物理实验教材（力学、热学部分），共分 27 章，由绪论和 26 章实验内容构成。其中，第 1 章绪论介绍误差理论；第 2～19 章阐述质点力学、刚体力学、振动和波、流体和固体等物体基本力学性质的测量；第 20～27 章介绍比热容、线膨胀系数、导热系数、黏度系数等物体热学性质的测量。本书以力学和热力学定律及其在解决问题中的应用为重点，可供物理学及其他理工科专业本科生使用，也可供物理实验竞赛师生参考。

图书在版编目(CIP)数据

大学物理实验及创新实训. 力学、热学部分/ 杨建荣，毛杰键主编；严仙荣，吴奇成，何星副主编. —上海：上海交通大学出版社，2022.12
ISBN 978 - 7 - 313 - 28173 - 9

Ⅰ. ①大… Ⅱ. ①杨… ②毛… ③严… ④吴… ⑤何… Ⅲ. ①力学－实验－高等学校－教材②热学－实验－高等学校－教材 Ⅳ. ①O4－33

中国版本图书馆 CIP 数据核字(2022)第 241596 号

大学物理实验及创新实训(力学、热学部分)
DAXUE WULI SHIYAN JI CHUANGXIN SHIXUN(LIXUE、REXUE BUFEN)

主　　编：杨建荣　毛杰键		副 主 编：严仙荣　吴奇成　何　星	
出版发行：上海交通大学出版社		地　　址：上海市番禺路 951 号	
邮政编码：200030		电　　话：021 - 64071208	
印　　制：上海新艺印刷有限公司		经　　销：全国新华书店	
开　　本：710 mm×1000 mm　1/16		印　　张：16.25	
字　　数：266 千字			
版　　次：2022 年 12 月第 1 版		印　　次：2022 年 12 月第 1 次印刷	
书　　号：ISBN 978 - 7 - 313 - 28173 - 9			
定　　价：62.00 元			

前　言 | Preface

　　本书立足于基本力学和热学量的测量用具结构和操作、基本物理规律和数学物理方法在实验中的应用、物理量关系的探索和分析、测量结果的数据处理规则和方法;以个性发展,教育、科技产业发展,经济社会对人才的需求,后继课程为导向;联系物理学发展历史和生活中的物理现象,激发学生实验兴趣,培养学生崇尚科学、探索科学技术的精神;延伸实验方法的应用,加强实验设计和创新实训,培养学生的实验技能、创新思维和应用创新能力。

　　本书是作者团队在多年的实验教学和学生创新实践的基础上,结合实验技术、教育、经济、社会发展对人才的需求编著而成的。在传统力学和热学实验的基础上,本书构建了新的体系;创新了实验方法的延伸应用和实训;突出了数学物理方法在解决力学和热学实验问题中的应用、实验原理的完整性和科学性、实验工具仪器的结构和功能;加强了实验与生活的联系。每个实验的引言都联系物理学发展历史和生活现象,简介了实验内容的意义,以开拓视野、提高认识、激发学生兴趣。目的是学习用物理规律建立动力学、热力学方程和探究问题的方法,掌握实验操作技能和数据处理方法,学会实验方法延伸和培养实验创新能力等。实验仪器部分阐述了仪器的设计思想、构造、功能和使用方法。实验原理部分紧密结合实验装置,详细地分析了对象的物理行为、描述应用物理规律和数学物理方法解决问题的过程、探索物理量的函数关系及应用,旨在培养学生理论联系实际的分析能力、数理逻辑思维能力和应用能力。实验内容部分重点引导学生组装和调试实验仪器、选择和设置参数、学习记录和处理实验数据的方法,提升操作技能和学习实验规范。书中采用三种策略设计延伸实验方法和创新实训的问题。第一种创新实训方法是延伸工具、实验仪器和实验方法,用相同的用具和方法解决不同的问题,培养学生的发散创新思维和技能;第二种创新实训方法是采用不同的用具、实验方法和规律解决同一问题,培养学生的收敛创新思维和技能;第三种创新实训方法是改变问题的难度和因素,培养学生创新思维的深度和广度。

　　为了适应不同专业对实验内容的基础性、设计性和综合性需要,本书在实验仪器、原理、操作和数据处理中,突出了基础性;在实验方法延伸和创新实训中,考虑到实验的设计性和综合性。

　　本书由杨建荣教授和毛杰键教授主持撰写,各章编写人员如下:毛杰键负责编著第 1~3 章和第 6~11 章,吴奇成负责编著第 4 章和第 5 章,杨建荣负责编著第 12~18、21~22 章,何星负责编著第 19 章,严仙荣负责编著第 23~27 章。

　　由于作者水平及时间所限,本书存在的不足与疏漏之处,敬请读者批评指正。

目 录 | Contents

第 1 章
绪　论

宇宙中存在各种各样的物，理是指它们的属性、关系、运动变化现象和规律。人类在认识物理、判断物理规律正确与否、应用物理规律解决问题的过程中，采用的一种重要方法就是实验。物理学是一门实验科学，也是其他自然科学的基础。

1.1　物理实验的意义和要求

自 16 世纪意大利物理学家伽利略的研究工作以来，物理实验成为物理学发展和应用的基础、方法及手段，它使物理学从思辨走上真正的科学道路。物理实验推动着其他科学技术的发展，如原子能技术就是建立在 α 粒子散射、重核裂变和核的链式反应等实验基础之上，开发出了原子弹、氢弹、核电站；如今的激光通信、激光切割、激光钻孔、激光全息术、激光外科手术和激光武器等，都是首先在物理实验室中诞生；当今的信息技术和超大规模集成电路，也建立在物理实验基础之上。可见，很多现代技术的突破都是物理实验室研究结果的延伸，是物理学成果的实际应用。

随着物理学的发展，人类积累了丰富的物理实验思想和实验方法，创造了各种精密巧妙的仪器设备；同时，其他学科的成果也极大地丰富了物理实验方法，如用于实验的数学方法，计算机科学技术在实验中的应用等，使物理测量技术不断得到发展，赋予物理实验极其丰富的、不同于物理学本身的内容，形成了一门单独开设的具有重要教育价值和教育功能的实验课程。

物理实验不仅对物理学和其他科技发展有贡献，更重要的是学习物理实验,能使学生获得基本的实验知识、技能、方法和科学创新的能力,为今后从事科学研究和工程实践打下扎实的基础。掌握物理实验的思想、方法和技术,相当于得到了学好物理、用好物理成果和探索物理学的一把可靠的科学技术金钥匙,这对学生今后人生的创新发展极为重要。

物理实验对我们每个人来说都很熟悉,我们睁开眼,看到人、床、房间,哪些是动的、哪些是不动的、动的快慢等;耳朵接收到的声音,是人发出的还是汽车发出的,声源有多远,是运动的还是静止的;皮肤感受到的,是冷还是热、空气的温度高还是低……我们每天感受着生活中的物理,但为什么只有像伽利略、瓦特、牛顿、法拉第、惠更斯等少数人能发现物的属性、物与物之间的关系、运动变化现象及规律,并应用这些规律解决了实际问题,进而引发更多的人研究物理、推动科学技术进步,改变人类的生产、生活方式,创造了新的文明。究其原因,主要有两点:第一是由做人、做事、学习的习惯和兴趣所决定的,他们对获得的知识、感受到的现象、所从事的工作,具有独立、深入思考并进一步探究的习惯和兴趣;第二是他们找到了探究问题的科学方法,如用实验方法、数理方法探索物理量之间存在的数量关系。

物理实验课就是要训练学生,通过亲身做、看、听、感受、体验、思考、探索和学习,从而系统掌握物理实验的知识、技能、方法和技术,为学生今后的发展养成科学的学习方法、对科技创新的兴趣和好奇心、做事的科学习惯,掌握解决问题的科学方法。为了使学生能更好地达到这个目标,每个物理实验分预习、操作、总结三个阶段进行学习和训练。

1.1.1 预习的方法、内容和目的

1) 实验前的预习方法

学生可通过下列四条途径预习实验内容:

(1) 查阅实验教材、文献、仪器说明书。

(2) 进实验室观察主要仪器设备型号、规格、结构、功能、调节使用方法。

(3) 做数值模拟仿真实验。

(4) 通过物理实验再现课程学习。

2) 实验前预习的内容

(1) 实验名称、目的。

(2) 主要仪器设备型号、规格等。

（3）实验原理：简要说明解决问题的方法、物理量之间的函数关系，画出必要的电路图、光路图、力学和热学装置示意图。

（4）实验内容：做什么，怎么做，哪些量是直接测量的物理量，各用什么仪器和方法测量，哪些量是间接测量的。

（5）注意事项。

（6）设计数据记录表格。

3）实验前预习的目的

实验前预习要达到下列目的：

（1）通过预习实验名称、目的，养成做事和学习要明确目的、树立目标的习惯。

（2）通过预习主要仪器设备型号、规格等，养成做事要明确所需要的条件。

（3）通过预习实验原理，养成做事要有科学依据，明确应用哪些物的属性、物与物之间的关系、运动变化规律，解决问题要采取哪些技术方法手段。

（4）通过预习实验内容，养成做事要有先做什么、怎么做的具体计划和方案。

（5）通过预习注意事项，明白哪些事不能做。

（6）通过设计数据记录表格，养成科学规范地记录做事的过程和结果的习惯。

（7）最后写出预习报告，并在实验操作之前，交给老师批阅。

1.1.2　实验操作

实验操作是在预习的基础上，亲身做、看、听、感受、体验、思考、体会、探索、学习和训练的过程，在这个过程中，要养成科学的学习、做事、做人的习惯，从而系统掌握物理实验的知识、技能、方法和技术。具体要求如下：

（1）实验前应认真预习，进实验室操作前写好预习报告，并交给指导老师批阅。

（2）进入实验室，要衣着整洁，保持安静，不随意动用与本次实验无关的其他仪器设备。

（3）服从教师指导，按预定的实验方案、计划和步骤进行实验，正式测量之前可做试验性探索操作。

（4）认真操作，体验仪器调节、工具使用的科学方法和技术，在实验操作中要逐步学会观察、记录和分析实验现象，排除实验中出现的各种故障。

（5）独立仔细观察、感受、体验物理实验现象。通过对实验现象的观察、分析和对物理量的测量，学习物理实验知识，加深对物理学原理的理解，提高对科学实验重要性的认识，深入分析和思考物理量之间的关系。

（6）如实记录实验现象和数据，对所得结果要做出与理论预期是否相一致的粗略判断，不抄袭他人的实验结果，自觉培养对物理实验的兴趣和养成科学的习惯。

（7）注意安全，严格遵守操作规程，爱护仪器设备，节约用水、电、药品、试剂和元器件等。凡违反操作规程或不听从教师指导而造成仪器设备损坏等事故者，必须写出书面检查，并按学校有关规定赔偿损失。

（8）在实验过程中若仪器设备发生故障，应立即报告指导老师及时处理。

（9）实验完毕，应主动协助指导教师整理好实验用品，切断水、电、气源，清扫实验场地。

（10）凡实验不合格者，均须重做。平时实验成绩不及格者，不得参加本门课程的考试。

（11）按指导教师要求，及时认真完成实验数据的收集、整理、计算、分析，并写出科学的物理实验报告。

（12）离开实验室前，数据记录须经教师审阅签名。

1.1.3 实验报告

实验报告是在预习、操作的基础上，对物理实验过程进行反思，对实验现象、实验数据进行计算分析，通过数理推理，进一步得到反映物体属性的物理量大小、物理量与物理量的函数关系、运动变化规律，并讨论实验结果的可靠程度。通过实验报告的训练，可提高自我的核心素养：理论联系实际和实事求是的科学作风，严肃认真的工作态度，主动研究探索的习惯和兴趣，遵守纪律、团结协作和爱护公共财物的优良品德，科学的表达能力。实验报告要求文字通顺、字迹端正、图表规范、数据完备、结论明确、思路清晰、有见解和新的启迪。学生要养成在实验操作后及时写出实验报告的习惯。

一份完整的实验报告，包括上述的预习报告、实验操作与记录、数据处理与分析讨论等具体内容。

1）预习报告

要求在实验前写好预习报告，包括如下内容：

（1）实验名称。

（2）实验目的。

（3）主要仪器设备（型号、规格等）。

（4）实验原理摘要：在理解的基础上，用简短的文字阐述实验原理，力求图文并茂。力学实验要有仪器结构示意图、受力分析原理图；写出物理量主要关系式及适用条件等。

（5）实验内容及注意事项，重点写出"做什么，怎么做"。

（6）设计记录数据的表格，清晰反映有关物理量之间的数值关系。学生要养成列表记录数据的习惯，掌握如下表格设计规范：

① 根据待测物理量的数量和测量次数，设计表格的行、列数目，并标注各栏目物理量的名称和单位。

② 记入表中的应主要是直接测得物理量的原始数据，间接测量物理量也可列入表中，但应写出与直接测得物理量的函数关系，反映数据处理的方法和思路。

③ 物理量在栏目中的排列顺序应反映实验操作、测量次序、数据的因果联系、计算的程序、实验现象与物理量之间的逻辑关系，并力求思路清晰。

④ 设计表的序号、名称，序号要便于数据处理时查找和引用，名称要做到见其名知其义。

⑤ 必要的附加说明，如测量时的环境条件、测量条件、测量仪器的零点读数和精度等。

2）实验操作与记录

实验记录是做实验的一项基本功，学生要在实验课上完成，要养成良好的习惯。实验记录内容如下：

（1）养成记录实验所用主要仪器的名称、编号和规格的习惯，便于以后必要时对实验进行复查。

（2）实验内容和实验现象记录，记录先做什么、后做什么、怎么做、观察到的实验现象和物理量的测量结果。

（3）采用列表法，实事求是地记录物理现象和原始实验数据，不可为拼凑数据而对实验记录做随心所欲的修改。

3）数据处理与分析讨论

数据处理及计算在实验后进行，内容如下：

（1）数据处理包括作图、有效数字运算、最佳值计算和做不确定度估算。根据实验过程中记录的现象和数据，学会选择正确方法处理实验数据，绘制实验曲线，说明实验结果，撰写合格的实验报告，提高科学语言的运用和表达能力。

（2）按物理实验的标准形式写出实验结果（测量的最佳值，不确定度和物理单位），有必要时注明实验条件。

（3）运用物理学理论对实验现象进行分析判断，对实验过程中出现的问题进行说明和讨论，概括实验心得，阐述自己的主张和建议。

（4）反思实验过程，对实验方法进行延伸应用实训，提高创新能力。

1.2　测量的最佳值、误差及不确定度

物理实验的过程是采用一定的工具、仪器、方法对物理量进行测量的过程，其中有一类物理量可以与用作标准的工具、仪器进行直接比较，得到物理量的大小和单位，这类物理量的测量称为直接测量，如用米尺测量人的身高、用天平称衡物体的质量、用秒表记录物体运动的时间等；另一类物理量的测量没有相应的直接测量的工具、仪器，而是通过与直接测得量的函数关系间接获得大小和单位的，如重力加速度、物体的转动惯量、声音的传播速度等，对这类物理量的测量称为间接测量。间接测量必须通过一定的实验装置和方法，找到间接测得物理量 y 与直接测得物理量 x 之间的函数关系 $y=f(x)$，通过测量直接测得物理量 x 的大小和单位，再根据函数关系 $y=f(x)$，间接求得物理量 y 的大小和单位。

由于测量仪器精度、测量方法、测量条件、测量人员等因素的影响，物理量的直接测得值 x 与物理量的客观真实值 X 不一定相等，它们之间存在的差值 $\delta=x-X$，称为绝对误差。实际上，我们并不知道物理量的客观真实值 X，那么，如何判断测得值 x 有多大的可能是真值呢？如果对待测物理量进行多次测量，又如何在一列数据中，找到最有可能是真值的最佳值呢？这就需要一套科学的方法来进行计算和推理，这套方法称为误差理论。下面将分别讨论直接测量有效数字的读取、记录和运算，误差产生的原因、最佳值、误差和不确定度的估算，测量结果的分析等。

1.2.1 直接测量

1）直接测量有效数字的读取和记录

直接测量就是把待测的物理量与一个被选作标准的同类物理量进行比较，确定它是标准量的多少倍，这个标准量称为该物理量的单位，这个倍数称为待测量的数值。测量仪器上有指示不同量值的刻线标记（刻度），其中相邻两刻线所代表的量值之差称为分度值，最小分度值标志着仪器的分辨能力。

直接测量值的有效数字取决于所采用的工具、仪器的最小分度值，读取测量值时，先读取到最小分度值，这个值是可靠的数字；再估读最小分度值的下一位，这一位的值是估计的，是可疑的数字。直接测量可靠的数字加上可疑的数字就组成有效数字。因此，

$$有效数字＝可靠数字＋可疑数字$$

$$直接测得物理量＝有效数字＋单位$$

例如，用米尺测量一物体长度（见图 1-1），由于米尺的最小分度值为毫米，毫米的下一位是估读的，其长度直接测量值为 $L=24.3$ mm，其中 24 mm 是可靠数字，最后一位"3"是估读出来的，是可疑数字，有可能是 3，也有可能不是 3，因此在该位上出现了测量误差。如果用精度更高的游标卡尺测量同一物的长度，结果为 $L=$

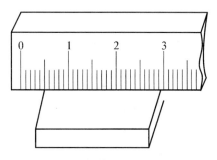

图 1-1　测量的有效数字读取

24.30 mm，此时 24.3 mm 是可靠的，小数点后第二位上的"0"是估读的，是可疑数字，有可能是 0，也有可能不是 0，是误差出现位。

特别注意在数学上 24.3＝24.30，但在物理上，对测量值来说 $24.3 \neq 24.30$，因为它们有着不同的误差，测量的准确度不同，所表达的物理意义不一样。有效数字位数越多，测量准确度越高。用游标卡尺测量长度的结果 24.30 mm 的最大误差 $\delta=0.02$ mm，比用米尺测量长度结果 24.3 mm 的最大误差 $\delta=0.2$ mm 的测量准确度要高 1 个数量级。因此，实验结果有效位数既不能多写一位，也不能少写一位。

在十进制单位换算时，只能改变单位，不能改变小数点位置，即不允许改变

有效位数。例如 1.6 m 为两位有效数字,在换算成 km 或 mm 时应写为 1.6 m＝ 1.6×10^{-3} km＝1.6×10^{3} mm,而不能写成 1.6 m＝1 600 mm。

2）有效数字的运算

在有效数字运算过程中,它的基本取舍原则是运算结果保留一位(最多两位)可疑数字。

(1) 有效数字的加、减运算,多个有效数字参加相加(减)运算,其和(差)值在小数点后所应保留的位数,与诸数中小数点后位数最少的一个相同,然后四舍五入。例:20.1＋4.178＝24.278＝24.3,结果为 24.3,有效数字的最后一位与 20.1 相同。

(2) 有效数字的乘、除运算,多个有效数字参加相乘(除)后其积(商)所保留的有效数字,只需与诸因子中有效数字最少的一个相同,然后四舍五入。例: $4.178 \times 10.1 = 42.197\,8 = 42.2$,结果为 42.2,有效数字位数与 10.1 相同。

(3) 乘方和开方的有效数字与其底的有效数字相同。

(4) 对数函数、指数函数和三角函数运算结果的有效数字必须按照不确定度传递公式来决定。

(5) 有效数字尾数修约规则:四舍五入。

3）直接测量误差产生的原因和特征

直接测量误差按其产生的原因,可分为系统误差、偶然(随机)误差和粗大误差。

4）直接测量系统误差产生的原因和特征

系统误差值的大小、正负具有保持不变,或按一定的规律变化的特性。系统误差小,测量结果的准确度高,测量结果的最佳值是真值的可能性大。系统误差产生的原因有多种,主要有下列几类。

(1) 仪器的精度误差:仪器的精度指仪器所能区分的最小分度值和仪器的灵敏度,因仪器的精度而产生的误差称为仪器的精度误差。例如用一电压表 B 测量某一电压示值为 $U_B = 6.0$ V,所能区分的最小分度值为 0.1 V;用另一精度更高的电表 A 测同一电压得 $U_A = 6.10$ V,此时可认为 U_A 即为 U 的相对真值,所能区分的最小分度值为 0.01 V,则系统误差为 $\delta_U = U_B - U_A = -0.10$ V。 对于有示值误差的仪器,要对示值进行修正,其修正值为 $C_x = -\delta_x$,上例中仪器 B 修正值为 $C_U = -\delta_U = 0.10$ V。 所以,实际值＝示值＋修正值＝6.0 V＋0.10 V＝6.1 V。

(2) 仪器的零值误差:仪器的零值误差指具有零值指示的仪器在使用前没有归零而给测量结果带来的误差。对于有零值指示的测量工具、仪表,在使用前要观察示值是否归零,如果没有归零,要调整归零,如果通过调整仍不能归零,则需修正。如使用游标卡尺、千分尺测长度之前,先要检查零位,并记下零读数(即零值误差),以便对测量值进行修正。在使用电表前,应先检查指针或示值是否指零,否则必须旋动零位调节器使指针或示值指零,如不能归零,则须记下零读数,测量结果要加上或减去该读数。

(3) 仪器机构误差:仪器机构误差指仪器的部件、元件与要求不完全相符而产生的误差,如等臂天平的两个臂不完全相等,惠斯通电桥两个比例臂示值与实际阻值不完全相等而产生的误差。这类我们认为相等但实际上不相等所致的误差,可用交换测量法来消除。对于电路中开关、导线等附加电阻所引入的误差,可用替代法来避免。

(4) 理论和方法误差:理论和方法误差是由于实验理论和实验方法不完善,或与实验条件不符等因素产生的误差。如在空气中称量质量而没有考虑空气浮力的影响;测量长度时没有考虑热胀冷缩使尺长改变;用伏安法测未知电阻,由于电表内阻的影响,使测量值比实际值总是偏大或总是偏小。

(5) 按一定规律变化的误差:实验器件在使用过程中,物理量随时间或环境按一定规律变化而产生的误差。例如干电池在工作时,其内阻不断增大,输出电压随时间略有下降,有规律地变化。

系统误差不能依靠在相同条件下,进行多次重复测量来发现和消除它的影响。对于每个实验均应分析系统误差来源,通过改进实验方案、实验装置、校准仪器等方法对其加以补偿、抵消,在数据处理中对测量结果进行理论上的修正,以消除或尽可能减小系统误差对实验结果的影响。

5) 直接测量偶然误差产生的原因和特征

偶然误差又称随机误差,是指在同一条件下对同一物理量进行多次测量的过程中,测量误差的绝对值与正负号以不可预知、随机的方式变化。偶然误差小,测量的精密度高,测量误差分布密集,各次测量值重复性好。偶然误差大小出现的概率分布特征(见图 1 - 2)是由德国数学家

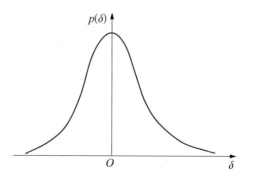

图 1 - 2 偶然误差分布图(横坐标表示绝对误差,纵坐标表示误差出现的概率)

和理论物理学家高斯于 1795 年导出的,因而称为高斯误差分布函数,也称正态分布函数。

偶然误差是在实验过程中,因各种偶然因素的微小变化而产生的,例如实验周围环境或操作条件的微小波动;测量对象的自身涨落;测量仪器指示数值的变动;观测者在判断和估计读数上的变化等,这些因素的共同作用,使得测量值围绕着测量的平均值发生有涨落的变化,这种变化量就是各次测量的偶然误差。可见偶然误差的来源是非常复杂的,不能像处理系统误差那样予以修正或消除。然而,通过对某一物理量进行足够多次测量发现,偶然误差具有下列的统计分布规律。

(1) 单峰性:测量值与真值相差愈小,这种测量值(或误差)出现的概率(可能性)愈大;与真值相差愈大的误差,则出现的概率愈小。

(2) 有界性:绝对值很大的误差出现的概率趋近于零。也就是说,总可以找到这样一个误差极限,某次测量的误差超过此限值的概率小到可以忽略不计的程度。

(3) 对称性:绝对值相等、符号相反的正负误差出现的概率相等。

(4) 抵偿性:偶然误差的算术平均值随测量次数的增加而减小。

6) 粗大误差

在实验过程中,由于某种操作错误、环境条件突然变化、读取和记录错误等原因,使得测量值明显偏离正常测量结果,这种超出规定条件下预期值的误差称为粗大误差。在实验数据处理中,应按一定的规则找出坏数据,剔除粗大误差。

7) 判断直接测量结果的优劣:绝对误差和相对误差

物理量客观存在的数值称为真值。由于待测物理量的真值未知,常把多次测量结果的算术平均值、标称值、校准值、理论值、公认值等作为约定真值来使用,它们被认为是非常接近真值的值,与真值的差别可以忽略不计。设测量值的真值为 X,则测量值 x 的绝对误差为

$$\delta = x - X \tag{1-1}$$

绝对误差可以描述某一测量结果的优劣,但在比较不同测量结果的好坏时,需要用相对误差描述。例如,用同一仪器测量长度 $X_1 = 1$ m,绝对误差 $\delta_1 = 1$ mm;测量长度 $X_2 = 10$ m,绝对误差 $\delta_2 = 1$ mm,两者的绝对误差相等,

难以评价这两个测量结果的优劣,因此必须引入相对误差的概念。相对误差是绝对误差与真值之比,真值未知时,则使用算术平均值、标称值、校准值、理论值、公认值代替真值。在近似情况下,相对误差也往往表示为绝对误差与测量值之比。相对误差常用百分数表示。即

$$E = \frac{|\delta|}{X} \times 100\% \approx \frac{|\delta|}{x} \times 100\% \qquad (1-2)$$

物理量的测量不可能完全精确,在测量过程中总是存在误差。因此,掌握测量误差估算、数据处理的基本知识和方法,对今后从事科学研究、解决工程问题具有重要的作用。

8) 直接测量最佳值、误差及不确定度的估算

(1) 系统误差的估算和 B 类不确定度:系统误差来源于仪器的精度、仪器的零值、仪器结构、实验方法等因素,尽管可通过一定的技术对测量值进行修正,以减小系统误差,但系统误差依然存在。为了便于初学者学习,对系统误差的估算方法,我们仅考虑由仪器误差 $\Delta_{仪}$ 决定,仪器误差 $\Delta_{仪}$ 主要依据下列三个方面进行估算。

① 根据仪器说明书上给出的仪器误差值,判断仪器误差 $\Delta_{仪}$ 的大小和单位。如游标卡尺、螺旋测微计的示值误差等。在仪器和量具的使用手册或仪器面板上,一般都能查到仪器允许的基本误差,该值由制造商和计量机构使用更精确的仪器、量具,通过检定后给出。

② 根据仪器(电表)的精度等级,按量程判断仪器误差 $\Delta_{仪}$ 的大小和单位。

③ 若无仪器的精度等级,仪器说明书上也没有给出仪器误差值,在一定测量范围内,仪器误差 $\Delta_{仪}$ 可取仪器最小分度值,或最小分度值的 1/2、1/3、1/5、1/10。

如果上述三种情况都可知,仪器误差 $\Delta_{仪}$ 取三者中的最大值。

因系统误差而造成测量结果的不确定程度 Δ_B,称为 B 类不确定度,用系统误差估算,即

$$\Delta_B = \Delta_{仪}/C \qquad (1-3)$$

式中,C 为修正因子,根据具体情况决定,一般取 $C=1$。

(2) 单次直接测量结果误差的估算:在实际测量中,如果所用仪器精度不高,环境稳定,多次测量同一物理量相同,就不需要进行多次测量。例如用准确

度等级为 2.5 级的万用表去测量某一电阻,经多次重复测量,几乎都得到相同的结果。这是由于万用表的精度较低,一些偶然的未控因素引起的误差很小,万用表不能反映出这种微小的变化。因而,在这种情况下,只需要进行单次测量。

对于单次直接测量,尽管偶然误差依然存在,但我们无法求出单次测得量的偶然误差及其带来的不确定度 Δ_A。此时测量结果不确定度 Δ 可简单地用仪器误差 $\Delta_仪$ 来表示。即

$$单次测量结果 = 测量值 \pm \Delta_仪(单位) \tag{1-4}$$

测量值应估读到仪器最小分度值的下一位,仪器误差 $\Delta_仪$ 取最小分度的 1/10、1/5 或 1/2。

(3) 多次直接测量的最佳值:对同一物理量进行多次重复测量,称为多次直接测量。多次直接测量分为等精度测量和不等精度测量。如果采用同一套仪器、同一种实验方法,在相同的实验环境等测量条件下,对同一物理量进行多次重复测量,称为等精度测量,等精度测量的结果具有相同的精度级别。如果在诸测量条件中,有一个条件发生了变化,这时所进行的重复测量称为不等精度测量,不等精度测量的结果是在测量精度级别不一样的情况下得到的。在进行重复测量的实验过程中,要尽量保持为等精度测量。

设对某一物理量在测量条件相同的情况下,进行 n 次等精度的独立测量,n 个测量值分别为

$$x_1, x_2, x_3, \cdots, x_n$$

称这个直接测得的数据集合为测量列。由于每次测量值各有差异,根据数理统计分析结论,当系统误差已被消除时,测量值的算术平均值最接近被测物理量的真值,当测量次数 $n \to \infty$ 时,算术平均值趋近于真值,因此取算术平均值作为测量结果的最佳值。即最佳值为

$$\bar{x} = \frac{1}{n}(x_1 + x_2 + \cdots + x_n) = \frac{1}{n}\sum_{i=1}^{n} x_i \tag{1-5}$$

最佳值的有效数字位数和单位与测量值相同。

(4) 多次直接测量偶然误差的估算方法:对同一物理量测得的数据值,如果差异越大,越分散,测量的偶然误差就越大,测量的精密度就越低,因此可用

偶然误差的大小反映测量的精度。多次测量结果的偶然误差有下列几种估算方法。

① 多次直接测量的算术平均绝对误差：算术平均绝对误差是算术平均值 $\bar{x}$ 分别与每次测量值 x_i 之差的绝对值之和，除以测量次数 n，即

$$\Delta x = \frac{1}{n}(\,|\,x_1 - \bar{x}\,| + |\,x_2 - \bar{x}\,| + \cdots + |\,x_n - \bar{x}\,|\,) = \frac{1}{n}\sum_{i=1}^{n}\,|\,x_i - \bar{x}\,|$$

$$(1-6)$$

算术平均绝对误差保留一位，最多两位有效数字，单位与测量值相同。

② 多次直接测量的标准偏差：标准偏差是每一次测量值 x_i 与平均值 $\bar{x}$ 之差 $\Delta x_i = x_i - \bar{x}(i=1,2,3,\cdots,n)$，称为偏差。测量列 x_1、x_2、x_3……x_n 的偶然误差，可用测量列的标准偏差来估算，其值为

$$S_x = \sqrt{\frac{\sum_{i=1}^{n}(x_i-\bar{x})^2}{n-1}} = \sqrt{\frac{\sum_{i=1}^{n}(\Delta x_i)^2}{n-1}} \qquad (1-7)$$

算术平均值 $\bar{x}$ 的偶然误差可用算术平均值标准偏差来估算，其值为

$$S_{\bar{x}} = \sqrt{\frac{\sum_{i=1}^{n}(x_i-\bar{x})^2}{n(n-1)}} = \sqrt{\frac{\sum_{i=1}^{n}(\Delta x_i)^2}{n(n-1)}} \qquad (1-8)$$

标准偏差保留一位，最多二位有效数字，单位与测量值相同。

分析式(1-5)至式(1-8)可知：由于正、负偶然误差常可以大致抵消，进行多次测量的算术平均值最接近真值，偶然误差随测量次数的增多而减小，但不能消除或减小测量中的系统误差。如果偶然误差小，说明测量值 x_1、x_2、x_3……x_n 之间的差异小，数据密集，测量的精密度高；偶然误差大就表示测量值分散，测量精密度低。因偶然误差而造成测量结果的不确定程度，称为 A 类不确定度，可选式(1-6)至式(1-8)的任一种方法进行估算。

(5) 直接测量的不确定度估算：由于测量总存在误差，真值又不知道，测量值有可能是真值，有可能不是，这种不能肯定测量值是否为真值的程度，称为不确定度。实验数据处理的目的，是求出实验测量结果的最佳值及不确定度，用不确定度反映最佳值是真值的可能性。根据式(1-5)可求得多次测量的最

佳值。不确定度是因测量而产生的,误差又来源于偶然因素和系统因素这两类,我们把经多次重复测量,用统计方法计算的偶然误差引起的不确定度 Δ_A 称为 A 类不确定度,如通过式(1-6)、式(1-7)或式(1-8)的方法估算的偶然误差,作为 A 类不确定度 Δ_A 的值;把因系统的仪器、工具和方法产生的,用非统计方法估算的系统误差引起的不确定度 Δ_B 称为 B 类不确定度,如通过式 $\Delta_B = \Delta_仪 / C$ 估算的系统误差作为 Δ_B 的值,式中 C 可取 1。两类不确定度的合成则为实验测量结果总的不确定度 Δ 简称不确定度,为

$$\Delta = \sqrt{\Delta_A^2 + \Delta_B^2} \qquad (1-9)$$

如果取式中 $\Delta_A = S_x = \sqrt{\dfrac{\sum (x_i - \bar{x})^2}{n-1}}$,取 $\Delta_B = \Delta_仪 / C = \Delta_仪$(取修正因子 $C=1$),则总的不确定度为

$$\Delta = \sqrt{\Delta_仪^2 + S_x^2} \qquad (1-10)$$

其相对不确定度为

$$E_x = \frac{\Delta}{\bar{x}} \times 100\% \qquad (1-11)$$

相对不确定度的意义与相对误差类似。不确定度越小,实验测量值是真值的可能性越大;不确定度越大,实验测量值是真值的可能性越小。

对实验测得的数据进行分析处理的最终目的是要得到测量结果的最佳值、不确定度和单位。最后实验测得值 x 的结果要写成

$$x = \bar{x} \pm \Delta(单位) \qquad (1-12)$$

和

$$E_x = \frac{\Delta}{\bar{x}} \times 100\% \qquad (1-13)$$

例1:用一最小分度值为毫米的米尺测量物体长度 l,得到 5 次的重复测量值分别为 1.42 cm、1.43 cm、1.44 cm、1.44 cm、1.43 cm,求其测量值。

解:首先求待测物理量的最佳值,根据式(1-5)得

$$\bar{l} = \frac{1}{5} \sum_{i=1}^{5} l_i = 1.432 \text{ cm}(中间运算结果可多保留一位有效数字)$$

其次计算多次测量的偶然误差,采用测量列的标准偏差估算,由式(1-7)得

$$S_l = \sqrt{\frac{1}{5-1}\sum_{i=1}^{5}(l_i-\bar{l})^2} = 0.008\,7\,\text{cm}(误差保留一位,最多两位有效数字)$$

依据所用测量工具的最小分度值 1 毫米,估算系统误差为

$$\Delta_仪 = 0.02\,\text{cm}(取测量工具最小分度值 1 毫米的五分之一)$$

合成总的不确定度,由式(1-10),得

$$\Delta = \sqrt{\Delta_仪^2 + S_l^2} \approx 0.03\,\text{cm}\,(总的不确定度取一位有效数字)$$

最后实验测得值物体长度 l,由式(1-12)可知

$$l = (1.43 \pm 0.03)\text{cm}$$

最佳值的有效数字位数由不确定度决定,尾数取齐,写成 (1.432 ± 0.03)cm,或 (1.43 ± 0.030)cm 都是错误的。相对不确定度由式(1-11)可知:

$$E_l = 2\%$$

上述统计结果的含义是被测物体长度的最佳值为 1.43 cm,不确定度为 0.03 cm,真值有 95% 左右的可能在 1.40 cm 至 1.46 cm 区间内,不在这个区间内的可能性只有 5% 左右,相对不确定度为 2%。

1.2.2 间接测量结果的最佳值、误差及不确定度估算

在物理学中,有些物理量可用发明的工具、仪器进行直接测量,获知待测物理量的大小和单位,如长度、质量、时间、电流强度、电压、温度等。而大部分物理量没有相应的工具和仪器进行直接测量,如体积、加速度、转动惯量、声速、波长、磁场强度等,必须根据一定的实验装置,找到与直接测得物理量的函数关系,通过测量直接测得物理量,依据函数关系计算而获得物理量的大小和单位,这类测量称为间接测量。例如,测量钢球的体积 V,必先找到体积与可直接测得的直径 D 之间的函数关系 $V = \frac{1}{6}\pi D^3$,通过测量直接测得量直径 D,根据函数关系间接获得钢球的体积 V 的大小和单位。但要注意,随着测量技术的发展,有些间接测得量也可以通过直接测量得到,如测量密度,如果通过测量物体

的体积和质量求得密度,则密度是间接测得量;如用密度计测量物体的密度,那么,密度就是直接测得量。

间接测量与直接测量的目的一样,就是要获知被测物理量的最佳值、不确定度和单位。设间接测得量为 y,通过一定的实验装置,找到了与 n 个直接测得物理量 x_1、x_2、x_3……x_n 存在函数关系:

$$y = f(x_1, x_2, \cdots, x_n) \tag{1-14}$$

假如对式$(1-14)n$ 个直接测得物理量 x_1、x_2……x_n 分别进行了 m 次等精度测量,得到如表 1-1 所示的结果。

表 1-1　间接测量与直接测量的最佳值、误差、不确定度之间的关系

x_1	x_{11}	x_{12}	$\cdots$	x_{1m}	$\bar{x}_1 = \dfrac{1}{m}\sum\limits_{i=1}^{m} x_{1i}$	$S_1 = \sqrt{\sum\limits_{i=1}^{m}(x_{1i}-\bar{x}_1)^2/(m-1)}$	$\Delta_{仪1}$	$\Delta_1 = \sqrt{S_1^2 + \Delta_{仪1}^2}$
x_2	x_{21}	x_{22}	$\cdots$	x_{2m}	$\bar{x}_2 = \dfrac{1}{m}\sum\limits_{i=1}^{m} x_{2i}$	$S_2 = \sqrt{\sum\limits_{i=1}^{m}(x_{2i}-\bar{x}_2)^2/(m-1)}$	$\Delta_{仪2}$	$\Delta_2 = \sqrt{S_2^2 + \Delta_{仪2}^2}$
$\cdots$	$\cdots$	$\cdots$	$\cdots$	$\cdots$		$\cdots$	$\cdots$	$\cdots$
x_n	x_{n1}	x_{n2}	$\cdots$	x_{nm}	$\bar{x}_n = \dfrac{1}{m}\sum\limits_{i=1}^{m} x_{ni}$	$S_n = \sqrt{\sum\limits_{i=1}^{m}(x_{ni}-\bar{x}_n)^2/(m-1)}$	$\Delta_{仪n}$	$\Delta_n = \sqrt{S_n^2 + \Delta_{仪n}^2}$
y	y_1	y_2	$\cdots$	y_m				

表中第一行记录是对第一个直接测得物理量 x_1 进行了 m 次等精度测量的结果 x_{11}、x_{12}……x_{1m}、最佳值 $\bar{x}_1$、偶然误差 S_1、系统误差 $\Delta_{仪1}$ 和总的不确定度 Δ_1;第二行记录对第二个直接测得物理量 x_2,进行了 m 次等精度测量的结果 x_{21}、x_{22}……x_{2m}、最佳值 $\bar{x}_2$、偶然误差 S_2、系统误差 $\Delta_{仪2}$ 和总的不确定度 Δ_2;第三行记录第三个至第 $n-1$ 个直接测得物理量的情况;第四行记录对第 n 个直接测得物理量 x_n,进行了 m 次等精度测量的结果 x_{n1}、x_{n2}……x_{nm}、最佳值 $\bar{x}_n$、偶然误差 S_n、系统误差 $\Delta_{仪n}$ 和总的不确定度 Δ_n。 第五行记录间接测得物理量 y,根据式$(1-14)$计算获得 $y_i = f(x_{1i}, x_{2i}, \cdots, x_{ni})$,$i=1$,$2$,$\cdots$,$m$。 根据直接测量结果表 1-1 的情况,如何估算间接测得物理量 y 的最佳值、误差和不确定度讨论如下。

1）间接测得物理量的最佳值估算方法

间接测得物理量的最佳值估算方法有如下两种。

（1）先求直接测量最佳值法：先分别根据式（1-5）求每个直接测得物理量的最佳值 $\bar{x}_1$、$\bar{x}_2$……$\bar{x}_m$，如表1-1第六列的1至4行。然后将直接测得物理量的最佳值 $\bar{x}_1$、$\bar{x}_2$……$\bar{x}_m$ 代入间接测得物理量与直接测得物理量的函数关系式（1-14），可得间接测得物理量的最佳值，为

$$\bar{y}=f(\bar{x}_1, \bar{x}_2, \cdots, \bar{x}_m) \tag{1-15}$$

间接测得物理量最佳值的有效数字位数和单位，由直接测得物理量的有效数字位数和单位决定。

（2）先求间接测量值法：先根据间接测得物理量与直接测得物理量的函数关系，求间接测得物理量的值，例如将表1-1第二列的1至4行的数据代入式（1-14），可得间接测得物理量

$$y_1=f(x_{11}, x_{21}, \cdots, x_{n1}) \tag{1-16}$$

将第三列的1至4行的数据代入式（1-14），可得

$$y_2=f(x_{12}, x_{22}, \cdots, x_{n2}) \tag{1-17}$$

依次计算，将第四列的1至4行的数据代入式（1-14），可得

$$y_m=f(x_{1m}, x_{2m}, \cdots, x_{nm}) \tag{1-18}$$

然后，将式（1-16）至式（1-18）代入式（1-5），求得间接测得物理量的最佳值

$$\bar{y}=\frac{1}{m}\sum_{i=1}^{m}y_i \tag{1-19}$$

y 的误差和不确定度可用式（1-6）至式（1-8）估算。

2）间接测得物理量的误差和不确定度的估算方法

间接测得物理量的最佳值通过与直接测得物理量的具体函数关系计算得到，直接测得物理量的误差和不确定度必然会传递到间接测得物理量，使间接测得物理量产生误差和不确定度，其大小和单位可根据对应的函数式（1-14）计算出来，这种由直接测得物理量的误差和不确定度，根据对应的函数式，估算间接测得物理量的误差和不确定度的方法，称为误差和不确定度的传递和合成。

比较物理量与误差、不确定度的大小，可知误差和不确定度相对于物理量

来说是小量,考虑到高等数学微分中的增量 Δx 相对于 x 来说也是一个小量,因此,可用微分学理论来研究间接测得物理量与直接测得物理量的误差、不确定度的传递和合成问题。

由式(1-14)间接测得物理量与直接测得物理量的函数关系可知,间接测得物理量的全微分为

$$\Delta y = \frac{\partial f}{\partial x_1}\Delta x_1 + \frac{\partial f}{\partial x_2}\Delta x_2 + \cdots + \frac{\partial f}{\partial x_n}\Delta x_n \qquad (1-20)$$

式中,$\dfrac{\partial f}{\partial x_i}$ 是式(1-14)中的函数 $f(x_1, x_2, \cdots, x_n)$ 对 x_i 的偏导,称为传递系数,反映了 Δx_i 对 Δy 的影响程度,$i=1, 2, \cdots, n$。Δx_i 可以是直接测得物理量的偶然误差或系统误差,或不确定度。根据误差就大估算原则,式(1-20)的右边每一项都必须取正的,因此

$$\Delta y = \left|\frac{\partial f}{\partial x_1}\Delta x_1\right| + \left|\frac{\partial f}{\partial x_2}\Delta x_2\right| + \cdots + \left|\frac{\partial f}{\partial x_n}\Delta x_n\right| \qquad (1-21)$$

或

$$\Delta y = \sqrt{\left(\frac{\partial f}{\partial x_1}\Delta x_1\right)^2 + \left(\frac{\partial f}{\partial x_2}\Delta x_2\right)^2 + \cdots + \left(\frac{\partial f}{\partial x_n}\Delta x_n\right)^2} \qquad (1-22)$$

相对误差和不确定度为

$$\frac{\Delta y}{\bar y} = \frac{1}{\bar y}\sqrt{\left(\frac{\partial f}{\partial x_1}\Delta x_1\right)^2 + \left(\frac{\partial f}{\partial x_2}\Delta x_2\right)^2 + \cdots + \left(\frac{\partial f}{\partial x_n}\Delta x_n\right)^2} \qquad (1-23)$$

式(1-21)至式(1-23)中,如果 Δx_i 为偶然误差,则 Δy 为偶然误差;如果 Δx_i 为系统误差,则 Δy 为系统误差;如果 Δx_i 为不确定度,则 Δy 为不确定度。

例 2: 球体体积与直径的函数关系为 $V=\dfrac{1}{6}\pi D^3$,微分为 $\Delta V=\dfrac{1}{2}\pi D^2\Delta D$,由此得到的 ΔV 是偶然误差还是系统误差,或是不确定度,由 ΔD 决定。

如果间接测得物理量与直接测得物理量存在复杂的函数关系,可先求相对误差或不确定度,再求绝对误差或不确定度。

例 3: 铜棒电阻率 ρ 与直接测得物理量直径 d、长度 L、电阻 R 的函数关系为 $\rho=\dfrac{\pi d^2}{4L}R$,根据式(1-23),对 d、L、R 求偏导,并代入 $\bar\rho=\dfrac{\pi \bar d^2}{4\bar L}\bar R$,可得相

对误差或不确定度为

$$E = \frac{\Delta \rho}{\bar{\rho}} = \sqrt{\left(\frac{\Delta L}{\bar{L}}\right)^2 + \left(\frac{\Delta R}{\bar{R}}\right)^2 + 4\left(\frac{\Delta d}{\bar{d}}\right)^2}$$

由此可求得绝对误差或不确定度为 $\Delta \rho = E\bar{\rho}$。

3) 间接测得物理量的结果

将通过式(1-15)或式(1-19)计算得到的最佳值,与通过式(1-21)或式(1-22)计算得到的不确定度代入式(1-12),得到间接测得物理量的结果为

$$y = \bar{y} \pm \Delta y (\text{单位}) \tag{1-24}$$

相对不确定度为

$$E = \frac{\Delta y}{\bar{y}} \times 100\% \tag{1-25}$$

间接测量的有效数字运算、取舍规则与直接测量相同。式(1-24)和式(1-25)的含义是间接测得量 y 的最佳值大小为 $\bar{y}$,不确定度为 Δy,真值有 95% 左右的可能在 $(\bar{y} - \Delta y, \bar{y} + \Delta y)$ 区间内,在区间外的可能只有 5% 左右,相对不确定度为 E。

例 4: 在单摆实验中,直接测得物理量摆长 l、摆动周期 T 与间接测得物理量重力加速度 g 的函数关系为 $g = \frac{4\pi^2 l}{T^2}$,实验直接测得 $l = (100.0 \pm 0.1)\text{cm}$,$T = (2.000 \pm 0.002)\text{s}$,求重力加速度的最佳值 $\bar{g}$、不确定度 Δg 与相对不确定度 E。

解:(1) 求间接测量的最佳值,由 $l = (100.0 \pm 0.1)\text{cm}$,可知 $\bar{l} = 100.0$,$\Delta l = 0.1$;由 $T = (2.000 \pm 0.002)\text{s}$,可知 $\bar{T} = 2.000 \text{ s}$,$\Delta T = 0.002 \text{ s}$。代入式(1-22),可得最佳值为

$$\bar{g} = \frac{4\pi^2 \bar{l}}{\bar{T}^2} = 987.2 \text{ cm/s}^2$$

(2) 求间接测量的不确定度,对 $\bar{g} = \frac{4\pi^2 \bar{l}}{\bar{T}^2}$ 求全微分,可得重力加速度 g 的误差

$$\Delta g = \frac{4\pi^2 \Delta l}{\bar{T}^2} + \left(-\frac{8\pi^2 \Delta T}{\bar{T}^3}\right)$$

将上式右边各项取平方后相加,再开方得

$$\Delta g = \sqrt{\left(\frac{4\pi^2 \Delta l}{\overline{T}^2}\right)^2 + \left(\frac{8\pi^2 \Delta T}{\overline{T}^3}\right)^2}$$

两边同除 $\overline{g} = \dfrac{4\pi^2 \overline{l}}{\overline{T}^2}$,得相对误差:

$$E = \frac{\Delta g}{\overline{g}} = \sqrt{\left(\frac{\Delta l}{l}\right)^2 + 4\left(\frac{\Delta T}{T}\right)^2} = \sqrt{\left(\frac{0.1}{100.0}\right)^2 + 4\left(\frac{0.002}{2.000}\right)^2} = 0.002\,2 = 0.22\%$$

由此可知

$$\Delta g = 0.002\,2\overline{g} = 0.002\,2 \times 987.2 = 2.2 \text{ cm/s}^2$$

所以,间接测得重力加速度的实验结果为

$$g = (987.2 \pm 2.2)\text{cm/s}^2,\ \text{相对不确定度为 } 0.22\%。$$

上述实验结果表明:重力加速度的最佳值为 987.2 cm/s²,不确定度为2.2 cm/s²,相对不确定度为 0.22%。重力加速度的真值有 95% 左右的可能在(985.0,989.4)区间内。

上例中测量重力加速度的实验方案是对同一摆长和周期进行多次测量的结果,我们也可按下列实验方案测量重力加速度,即:直接测出摆长等间距变化时所对应的周期,如摆长从 80 cm 开始,每次增加 10 cm,依次为 90 cm、100 cm、110 cm……分别直接测出对应的周期 T_{80}、T_{90}、T_{100}、T_{110}……同样可以算出不同摆长和对应周期的最佳值、不确定度,然后根据函数关系 $g = \dfrac{4\pi^2 l}{T^2}$,算出不同摆长和周期对应的重力加速度的最佳值、不确定度,再求最终的最佳值、不确定度。这样做显然很复杂,对于有一个直接测得的物理量等间距变化的情况,我们采用下面的逐差法处理实验数据。

1.3　逐差法处理实验数据

利用实验的方法可测出一系列相互对应的实验数据点,但如何通过这些数据点得到最可靠的物质属性、物理量间的变化关系或物理规律? 要靠正确的实验数据处理方法。物理实验中常用的数据处理方法有列表法、作图法、逐差法、最小二乘法等。

当一个间接测量物理量与多个直接测量物理量存在确定的函数关系时[见式(1-14)],且其中有一个直接测量物理量是等间距变化的,并变化次数较多(如大于10次),这时采用逐差法处理测量数据比较合适。

逐差法就是把直接测得物理量进行偶数次等间距变化,测量相应的其他直接测得物理量的实验数据对,并将偶数组数据对分成两组,然后等间隔数据对分别相减,分析物理量的数值变化,可精简计算次数,更快找到被测量之间的函数关系,及时发现数据差错或数据变化规律。以拉伸法测定弹簧劲度系数为例说明如下。

例 5: 已知在弹性限度范围内,弹簧伸长量 x 与所受的拉力 F 之间满足胡克定律 $F = kx$,式中弹簧劲度系数 k 是间接测得物理量。实验方案是对拉力 F 进行 10 次等间距变化,砝码质量从 10 g 开始,每次增加 10 g,直到 100 g。测得对应的弹簧伸长量 x,结果列于表 1-2,寻找弹簧伸长量 x 与所受的拉力 F 之间的函数关系,并求弹簧劲度系数 k。

逐差法可以是相邻二行逐差,如第三列的结果是相邻的上下两行相减。也可以相隔一定的间隔相减,如第四列的结果是相隔 5 行相减。

比较表 1-2 中的第一列砝码质量 m_i 与弹簧伸长位置 x_i 的数据可知,弹簧伸长量 x 随拉力 F 的增大而增大,但无法判断 x 与 F 是否为线性关系。分析逐差后的第三列和第四列结果,同一列上下逐次相减的数据基本相等。如果对逐差结果的最后一位可疑数字(小数点后的第二位)进行四舍五入,则第三列的增量相同,为 0.8,第四列的增量也相同,为 4.0,由此可判断 x 与 F 为线性关系。学生要学会用逐差法分析直接测量的数据,判断实验操作是否正确。

表 1-2 逐差法处理实验数据

砝码质量 m_i/g	弹簧伸长位置 x_i/cm	相邻二行依次相减 $\Delta x_i = (x_{i+1} - x_i)$/cm	等间隔对应项相减 $\Delta x_5 = (x_{i+5} - x_i)$/cm
10.0	10.00	0.81	4.00
20.0	10.81	0.79	
30.0	11.59	0.83	4.01
40.0	12.42	0.79	

(续表)

砝码质量 m_i/g	弹簧伸长位置 x_i/cm	相邻二行依次相减 $\Delta x_i = (x_{i+1} - x_i)$/cm	等间隔对应项相减 $\Delta x_5 = (x_{i+5} - x_i)$/cm
50.0	13.21	0.79	4.02
60.0	14.00	0.82	
70.0	14.82	0.79	3.99
80.0	15.61	0.80	
90.0	16.42	0.78	3.98
100.0	17.19		

而要求弹簧劲度系数 k（直线的斜率），则利用等间隔对应项逐差的结果，即将表 1-2 中数据分成高组（$x_{10}, x_9, x_8, x_7, x_6$）和低组（$x_5, x_4, x_3, x_2, x_1$），然后对应项相减求平均值，得

$$\Delta \bar{x}_5 = \frac{1}{5} \big[(x_{10} - x_5) + (x_9 - x_4) + (x_8 - x_3) + (x_7 - x_2) + (x_6 - x_1)\big]$$

$$= \frac{1}{5}(4.00 + 4.01 + 4.02 + 3.99 + 3.98) = 4.00 \text{ cm}$$

于是有
$$\bar{k} = \frac{\Delta \bar{F}}{\Delta \bar{x}_5} = \frac{50.0 \times 10^{-3} \times 9.80}{4.00 \times 10^{-2}} = 12.25 \text{ N/m}$$

对本例的进一步分析可知，由分组逐差求出 $\Delta \bar{x}_5$，然后算出弹簧劲度系数 k，相当于利用了所有数据点连了 5 条直线，分别求出每条直线的斜率后再取平均值，所以用逐差法求得的结果比作图法要准确些。

用逐差法得到的结果还可以估算它的随机误差。本例由分组逐差得到的 5 个 Δl_5 可视为 5 次独立的重复测量，求出其标准偏差。从而进一步求出弹簧劲度系数 k 的不确定度。

1.4　作图法处理实验数据

物理实验是探究物质属性和物理量之间变化关系的可靠方法，作图法能直

观、形象、简便地表达直接测得物理量实验数据之间的变化规律，是验证物理定律和寻找物理量间函数关系的实验数据处理的重要方法。要求学生熟练掌握作图方法及其应用。

1) 作图的方法

(1) 根据物理量的性质，选用合适的坐标纸：用于作图的坐标纸有直角坐标纸、双对数坐标纸、单对数坐标纸或其他坐标纸等。根据物理量的性质、实验测得数据的大小、有效数字位数等要求，选用坐标纸类型和大小。在基础物理实验中，选用平面毫米直角坐标纸。

(2) 根据物理量的因果关系，在坐标纸上用铅笔注明直角坐标的横轴(代表自变量)、纵轴(代表因变量)；在轴的末端标注正方向的箭头；近箭头旁标明所代表的物理量及其单位。

(3) 根据实验测得物理量数值的有效数字和变化范围，对横轴和纵轴进行分度，分度的合理安排以绘制的实验曲线充满整个图纸为标准。具体做法如下：根据实验测得量的最小值确定横轴和纵轴的坐标起点，横轴和纵轴的交点可以不是零点；根据坐标读数的有效数字位数不能少于实验数据的有效数字位数，划分横轴和纵轴的比例，横轴和纵轴的比例可以不同；根据实验测得量数值的变化范围，在横轴和纵轴上分别标注数值，数值标注以能读懂为目的，不需要连续标注，常采用间隔整数标注。

(4) 在坐标纸上标志实验测量结果，将直接测得的实验数据对，在设计好的坐标纸上找到对应位置，用铅笔以大小适当的×、⊙或△进行标志。如果要在同一张坐标纸上画几条曲线，应采用不同的标志。

(5) 根据标志的实验数据点的分布，按实验点的总趋势连成光滑的曲线或直线，图线不一定要通过所有的实验数据点。要求分布在图线上下两侧的实验数据点个数要接近；且对不在图线上的实验数据点，图线上方的实验数据点到图线的距离之和与图线下方实验数据点到图线的距离之和大体相等。所得图线不仅要光滑，而且能反映测量的最佳值。

(6) 在图上空白位置标注从图线上得出的某些参数，如截距、斜率、极大值、极小值、拐点和渐近线等。在实验报告上要引用的点的坐标位置需要在图线上注明。

(7) 最后要给图命名序号、名称并注明实验条件，写在横轴的正下方。

2) 作图法的应用

实验目的常常是研究两个物理量之间的数量关系。这种关系有时是用公式表示的,有时是用作图的方法表示的。

(1) 寻找物理量之间的变化规律,找出对应的函数关系或经验公式。

如果根据实验数据对得到的图线是直线,那么可求出直线的斜率 m 值和截距 b 值,从而可求出两物理量之间的具体函数关系 $y=mx+b$。 如例4,以弹簧伸长量 x 为横坐标,以所受的拉力 F 为纵坐标作图,可得一直线,其中的斜率就是所要求的弹簧劲度系数 k,从而确定弹簧伸长量 x 与所受拉力 F 之间的具体函数关系 $F=kx$。

(2) 由于实验取值范围的局限性,不可能穷尽所有的实验值,但可根据已测得的实验结果及变化关系,用内插法从曲线上读取没有进行测量的某些值,或用外推法从曲线延伸部分,估读出原测量数据范围以外的量值。例如,今后要做的用惯性秤测量物体的惯性质量,就是根据定标曲线获得待测物体的惯性质量的。

(3) 如实验数据点离图线很远,可判断该数据点存在粗大误差,应剔除。同时,作图连线对数据点可起到平均的作用,从而减少随机误差。

(4) 把某些复杂的函数关系,通过一定的变换,将曲线改为直线图表示。

(5) 如果图线是直线,可从图线上求直线的斜率和截距。

设直线为

$$y=kx+b \tag{1-26}$$

在所作直线上选取两点 $p_1(x_1, y_1)$ 和 $p_2(x_2, y_2)$,可得直线斜率为

$$k=\frac{y_2-y_1}{x_2-x_1} \tag{1-27}$$

要在图上标出选取的 p_1 与 p_2 两点的坐标,选取的两点尽可能相距远些,一般不取原来实验测量的数据点,为便于计算,x_1、x_2 两数值可选取整数,斜率的有效数字要按有效数字规则计算。

对于截距,如果横坐标的起点为零,则直线的截距可直接从图线中读出,否则可根据选取的两点 $p_1(x_1, y_1)$ 和 $p_2(x_2, y_2)$,计算得到截距

$$b=\frac{x_2y_1-x_1y_2}{x_2-x_1} \tag{1-28}$$

由于作图时图纸的不均匀性,连线的近似性,线的粗细等因素,不可避免地

会引入误差,所以从图上计算测量结果的不确定度就没有多大意义。一般在正确分度情况下,只用有效数字表示计算结果。要确定测量结果不确定度则须应用解析方法。

例 6: 用作图法处理表 1-2 的数据,验证弹簧伸长量 x 与所受的拉力 F 之间的线性关系,并求弹簧劲度系数 k'。

解: 以拉力 F 或 m 为横坐标,弹簧伸长量 x 为纵坐标。横坐标选取 1 mm 代表 2.0 g,纵坐标以图纸上的 1 mm 代表弹簧伸长量 1 mm。取 $F = 10.0$ g,$x = 10.00$ cm 为坐标的起点,绘制曲线如图 1-3 所示。由图中数据点分布可知,弹簧长度 x 与拉力 F 为线性关系,满足 $x = b + km$。在图线上取两点,计算斜率和截距:

$$k = \frac{17.19 - 10.00}{100.0 - 10.0} \times \frac{1}{9.8 \times 10^{-3}} = 8.2 \text{ cm/N}$$

$$b = \frac{100.0 \times 10.00 - 10.0 \times 17.19}{100.0 - 10.0} = 9.2 \text{ cm}$$

直线方程为 $x = 9.2 + 8.2F$ cm,弹簧劲度系数为 $k' = \frac{1}{k} = \frac{1}{8.2} = 12.2$ N/m。

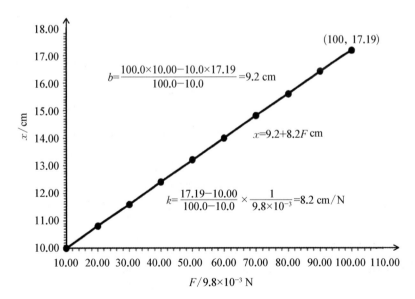

图 1-3 弹簧长度 x 与拉力 F 之间的变化关系

1.5 实验数据的直线拟合

作图法虽然在数据处理中是一种有效的方法,但在作图纸上绘制直线(或曲线)时会引入附加误差,尤其在根据图线确定常数时,这种误差会很明显。以最小二乘法为基础的线性回归方法能很好地克服这一缺点。

在等精度测量中,设可控自变物理量的测得值为 x_1、x_2、x_3……x_n,其误差很小可不计;对应的因变物理量的测得值依次为 y_1、y_2、y_3……y_n。用回归法处理数据就是要寻找 $y=f(x)$ 中的函数 f,如何根据实验数据找到函数 f 的具体形式,是一个重要的问题。如果 f 是一元函数,先求相关系数:

$$r = \frac{\sum \Delta x_i \sum \Delta y_i}{\sqrt{\sum (\Delta x_i)^2} \sqrt{\sum (\Delta y_i)^2}} \tag{1-29}$$

判定两物理量是否存在线性关系,式中 $\Delta x_i = x_i - \bar{x}$,$\Delta y_i = y_i - \bar{y}$,$r$ 的值是在 0 和 1 之间,越接近于 1,说明实验数据点 (x_i, y_i) 密集地分布在某一直线的近旁,用线性函数进行回归是合适的;如果 r 值远小于 1 而接近零,说明实验数据对 (x_i, y_i) 离直线较远,不宜回归直线,要用试探法,寻找其他函数形式。当 r 值接近于 1,可用下列数学分析的方法,寻求式(1-26)直线的斜率和截距。

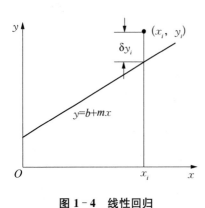

图 1-4 线性回归

设对每一个自变量实验测得值为 x_i,其对应的因变量实验测得值为 y_i。把实验测得值 x_i 代入式(1-26),计算得到的 y 与实验测得值 y_i 之间存在一偏差 δy_i,如图 1-4所示,称之为观测值 y_i 的偏差,即

$$\delta y_i = y_i - y = y_i - (b + kx_i) \quad (i = 1, 2, 3, \cdots, n) \tag{1-30}$$

所以 y_i 的偏差 δy_i 的平方和 s 为

$$s = \sum_{i=1}^{n} (\delta y_i)^2 = \sum_{i=1}^{n} [y_i - (b + kx_i)]^2 \tag{1-31}$$

式中，x_i 和 y_i 是测量值，均是已知量，目的是根据这些实验数据对，寻求 b 和 k，使得 s 最小，从而确定待求函数 f。把式（1-31）中的 s 看作是 b 和 k 的函数，令 s 对 b 和 k 的偏导数为零求极值，即

$$\frac{\partial s}{\partial b} = -2\sum_{i=1}^{n}(y_i - b - kx_i) = 0$$

$$\frac{\partial s}{\partial k} = -2\sum_{i=1}^{n}(y_i - b - kx_i)x_i = 0$$

解此极值方程组得

$$b = \frac{\sum_{i=1}^{n}x_iy_i\sum_{i=1}^{n}x_i - \sum_{i=1}^{n}y_i\sum_{i=1}^{n}x_i^2}{\left(\sum_{i=1}^{n}x_i\right)^2 - n\sum_{i=1}^{n}x_i^2} \tag{1-32}$$

$$k = \frac{\sum_{i=1}^{n}x_i\sum_{i=1}^{n}y_i - n\sum_{i=1}^{n}x_iy_i}{\left(\sum_{i=1}^{n}x_i\right)^2 - n\sum_{i=1}^{n}x_i^2} \tag{1-33}$$

由式（1-32）、式（1-33）确定的 b 和 k 的值，代入式（1-31），能使误差 s 最小，代入式（1-26）定得的直线方程是最佳的线性方程。用这种根据实验数据对，求解物理量之间直线数量关系的方法，称为利用最小二乘法进行线性拟合或线性回归。

1.6 物理实验的基本方法

在物理实验中，常用的基本测量方法有如下几类。

1）比较法

比较法是物理实验中最普遍、最基本的测量方法。它是将待测物理量与选作标准单位的工具或仪表进行比较而得到待测物理量的值和单位。比较法又有下列几种形式。

（1）将待测量和标准量具直接比较，例如用米尺测量长度。

（2）将待测量与标准量具相关的仪器比较，如用电表测电流或电压，用温

度计测温度等。

(3) 通过实验装置,将待测量与标准量具进行比较,例如用物理天平称量物体的重(质)量,是通过天平,将待测物体与砝码进行比较,获知待测物体的质量。

比较测量、比较研究是科学实验和科学思维的基本方法,务必通过具体实验掌握。

2) 放大法

对于无法直接感知的微小物体或物理量的微小变化量的测量,必须先将物理量按照一定规律加以放大后进行测量。放大法有如下几种形式。

(1) 累计放大法:如用秒表测单摆、三线摆的周期,测一个周期的时间较小,由于起停计时装置引入的偶然误差较大,通常测量累计摆动 50 或 100 个周期的时间。

(2) 机械放大法:如游标卡尺,利用游标原理将读数放大测量;螺旋测微计、读数显微镜的读数装置等,利用螺距放大原理来提高测量精度。

(3) 光学放大法:如光杠杆法(见"金属丝杨氏弹性模量的测量"),读数显微镜将被测物体放大后再进行测量等。

(4) 电子学放大法:对微弱电信号经放大器放大后进行观测。如电桥平衡指示仪、差动放大器等仪器均利用电子放大原理进行测量。

3) 转换法

转换法是根据物理量之间的各种关系,如牛顿定律、特定装置的定量函数关系和物理规律,对不能直接测量的物理量,利用变换的思想进行测量的方法,主要有两类。

(1) 物理量转换法:利用特定装置与各种参量的定量函数关系及其变化规律,间接测量某一物理量的方法。例如三线摆法测转动惯量,利用 $I = \dfrac{mgRrH}{4\pi^2 l^2} T^2$,将对 I 的测量转换为对质量、长度和周期的测量。

(2) 能量转换法:利用能量相互转换的规律,把某些不易测得的物理量转换为易于测量的物理量。考虑到电学参量的易测性,通常使待测的物理量通过各种传感器或敏感器件转换成电学量进行测量。例如:热电转换(如温差热电偶、半导体热敏元件)、压电转换(如压电陶瓷)、光电转换(如光电管、光电池)等。

4）模拟法

模拟法是以相似性原理为基础,不直接研究自然现象或过程本身,而是用与这些现象或过程相似的模型来进行研究的一种方法。模拟法可分物理模拟和数学模拟。

（1）对于物理本质相同的情况,可采用物理模拟进行实验。例如用"风洞"中的飞机模型模拟实际飞机在大气中的飞行。

（2）对于不同本质的物理现象或过程,但具有相同的描述它们的数学方程,可采用数学模拟的方法进行实验。例如用稳恒电流场模拟静电场,就是基于这两种场的分布有相同的数学形式。

随着计算机及软件技术的发展,计算机辅助设计和模拟实验得到了广泛的应用,使物理实验的方法发生很大的变化。此外,还有"替代法""换测法""共轭法""示踪法""符合法"等。学生在实验过程中应认真思考,仔细分析,不断总结,逐步积累丰富的实验方法,灵活运用。

1.7 物理实验中的基本调整与操作技术

在物理实验中,养成科学的调整和操作习惯,不仅可减小系统误差,提高实验结果的准确性,而且对提高实验技能、动手能力、做事水平和培养工匠精神,都具有十分重要的作用。

1）零位调整

对于有零位的测量器具必须进行零位调整,否则将引入系统误差。零位调整有如下两种方法。

（1）利用仪器的零位校准器进行调整,例如天平、电表等。

（2）无法调整零位的器具,必须记下初读数,对测量值进行修正,例如游标卡尺和千分尺等。

2）水平铅直调整

有些实验要考虑地球引力的作用,所以要对相应的实验仪器进行水平铅直调整,例如天平、气垫导轨、三线摆等。达到水平或铅直状态后,才能正常工作。

3）观测读数时的视差消除

视差是指因待测物与量具不位于同一平面而引进的读数误差。消除视差的方法如下。

（1）在使用有刻度的器具测量读数时，如米尺和电表，应正面垂直观测。

（2）在使用带有叉丝的测微目镜、读数显微镜和望远镜测量时，应仔细调节目镜和物镜的距离，使像与叉丝共面。

4）掌握先粗调后细调、先定性后定量的原则

对于调节比较精密的实验仪器，要先用目测法尽量将仪器调到所要求的状态，然后再按要求精细调节，以提高调节效率。例如"金属丝杨氏弹性模量的测定"的实验中望远镜的调整，气垫导轨调平等。

要养成在实验测量前，先定性地观察实验变化过程，了解变化规律，再定量测定的习惯，可快速获得较正确的结果。

要注意对仪器的保护，机械部分操作要轻、稳，并注意安全。

第 2 章
长度测量方法的研究

长度是我们每天都要感受到的一个描述空间的物理量,如远近、高低、大小等,是国际单位制(SI)中七个基本物理量之一。测量长度需要解决的基本科学技术问题是标准的选择,这个标准就定义为单位。在古代,人类为了测量田地大小,是以人的手、足等作为长度单位的,但人的手、足长度因人而异,大小不一,在商品交换和生产制造中遇到了困难,于是便出现了利用物不变的属性作为测量的标准,进而定义单位。我国春秋战国时发明家鲁班早在公元前 450 年就发明了曲尺、墨斗等与测量长度有关的工具,定义了寸、尺、丈、里等长度单位。如今采用的长度单位是 1983 年国际度量衡会议上通过的第三次光速米的定义,即"1 米是光在真空中 299 792 458 分之一秒时间内所传播的距离"。1984 年我国国务院公布的《中华人民共和国法定计量单位》规定,从 1990 年以后,长度单位一律采用国际单位制的单位:米。本章介绍常用的米尺、游标卡尺、螺旋测微器、显微镜等长度测量工具的结构及其使用方法。

2.1　使用米尺测量物的长度

最初普通的米尺是在直的木条上标示刻度,制成用于测量长度的直尺,由于它不能弯曲,在携带使用上存在不便,后来发明了可折叠的软尺和卷尺。由于受人眼的分辨力和刻度线粗细的限制,米尺的最小分度值为 1 毫米。

2.1.1　用普通米尺测量铜棒和桌子的长度

在制作米尺时,由于刻度线可能不均匀,会产生系统误差,因此使用米尺测量时,要使用不同的部位测量待测物的长度,减小系统误差。自选一金属棒和桌子作为待测物。用米尺测量其长度,有效数字读取到最小分度值1毫米,加估读毫米后的一位。设计表格记录数据,如表2-1所示。

表 2-1 用普通米尺测量铜棒和桌子长度的结果

测 量 项 目	铜棒的长度 L_1/mm	桌子的长度 L_2/cm
第一次测量值		
第二次测量值		
第三次测量值		
第四次测量值		
第五次测量值		
平均值		
A 类不确定度		
B 类不确定度		
合成不确定度		
结　果		

2.1.2　直接测量的数据处理方法

练习多次直接测量的最佳值、误差、不确定度的计算方法,学习有效数字取舍和结果保留规则。

1) 求各直接测量的最佳值(算术平均值)

将表2-1中的实验数据代入式(1-5),可得到铜棒长度 L_1 和桌子长度 L_2 的最佳值,分别为

$$\overline{L}_1 = \frac{1}{5}(L_{11} + L_{12} + L_{13} + L_{14} + L_{15}) \qquad (2-1)$$

$$\overline{L}_2 = \frac{1}{5}(L_{21} + L_{22} + L_{23} + L_{24} + L_{25}) \qquad (2-2)$$

2) 求测量结果的误差和 A 类不确定度

A 类不确定度的估算可采用式(1-6)～式(1-8)三种方法中的任一种,本例采用式(1-7)测量列的标准偏差来估算铜棒长度 L_1 的偶然误差和 A 类不确定度,将式(2-1)代入式(1-7)得

$$S_{L_1} = \sqrt{\frac{\sum (L_{1i} - \overline{L_1})^2}{(5-1)}}$$

$$= \sqrt{\frac{(L_{11} - \overline{L_1})^2 + (L_{12} - \overline{L_1})^2 + (L_{13} - \overline{L_1})^2 + (L_{14} - \overline{L_1})^2 + (L_{15} - \overline{L_1})^2}{4}}$$

$$(2-3)$$

同理可求得桌子长度 L_2 的误差和 A 类不确定度为

$$S_{L_2} = \sqrt{\frac{\sum (L_{2i} - \overline{L_2})^2}{(5-1)}}$$

$$= \sqrt{\frac{(L_{21} - \overline{L_2})^2 + (L_{22} - \overline{L_2})^2 + (L_{23} - \overline{L_2})^2 + (L_{24} - \overline{L_2})^2 + (L_{25} - \overline{L_2})^2}{4}}$$

$$(2-4)$$

3) 测量结果 B 类不确定度的估算

测量结果 B 类不确定度可取仪器、测量工具的最小分度值的 $\frac{1}{2}$、$\frac{1}{3}$、$\frac{\sqrt{3}}{3}$、$\frac{\sqrt{2}}{2}$ 的值作为系统误差 $\Delta_{\text{仪}}$,视情况而定。对于米尺可估算为

$$\Delta_{\text{仪}} = 0.5 \text{ mm} \qquad (2-5)$$

4) 合成总的不确定度

由式(2-3)～式(2-5),可得总的不确定度分别为

$$\Delta_{L_1} = \sqrt{S_{L_1}^2 + \Delta_{\text{仪}}^2} \qquad (2-6)$$

$$\Delta_{L_2} = \sqrt{S_{L_2}^2 + \Delta_{\text{仪}}^2} \qquad (2-7)$$

误差(不确定度)的有效数字最少保留一位,最多两位。

5) 实验测量最终结果表示

由式(2-1)、式(2-2)、式(2-6)、式(2-7)可知

测量铜棒的长度 L_1 最终结果为

$$L_1 = \overline{L_1} \pm \Delta_{L_1} (\text{mm}) \qquad (2-8)$$

测量桌子的长度 L_2 最终结果为

$$L_2 = \overline{L_2} \pm \Delta_{L_2} (\text{cm}) \qquad (2-9)$$

以上两式最终结果最佳值的有效数字由不确定度的有效数字决定,最佳值的有效数字最右一位与不确定度对齐。例如:$\overline{L_1} = 126.45$ mm,$\Delta_{L_1} = 0.6$ mm,则

$$L_1 = (126.5 \pm 0.6) \text{mm}$$

2.2　游标卡尺的结构、放大原理和使用

石工建造房屋、木工制作门窗,用米尺作为测量长度的工具就能满足精度要求,但自人类开始制造比房屋等精度要求更高的机器,如轮船、火车、汽车等时,发现米尺的精度不能满足要求,需要发明新的精度更高的测量工具,使人眼能精确区分 1 毫米以下的长度。最初想到的解决方法是将小于 1 毫米的长度加以放大,达到人眼能识别的目的。其中游标卡尺和螺旋测微器就是在精准制造需求驱动下,利用放大思想发明的测量长度的工具。

2.2.1　游标卡尺的结构

游标卡尺主要由按毫米标度的主尺和一个可沿主尺移动的游标(又称副尺)组成。常用的一种游标卡尺如图 2-1 所示。其中钳口 A、A′固定在主尺

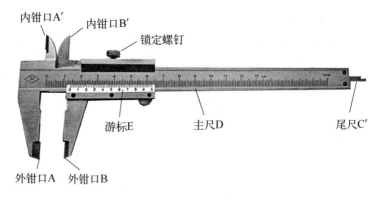

图 2-1　游 标 卡 尺

上,钳口 B、B′ 固定在游标上,跟随游标移动;AB 测量物体外径;A′B′ 测量物体内径;尾尺 C′ 在背面与副尺相连,移动副尺时尾尺也随之移动以测量深度;调节测量时,松开锁定螺钉;读数时则旋紧锁定螺钉,使副尺与主尺固定在一起。

2.2.2　游标卡尺的放大原理

在游标卡尺的主尺上,相邻刻度线的间距为 $\Delta_D = 1$ mm;在游标卡尺的游标上,相邻刻度线的间距为 $\Delta_E < 1$ mm。如果副尺相邻刻度线的间距 $\Delta_E = 0.98$ mm,副尺上有 $N = 50$ 格,则与主尺相邻刻度线的间距 Δ_D 的差值为

$$\Delta = \Delta_D - \Delta_E = 0.02 \text{ mm} = \frac{1 \text{ mm}}{50}$$

此时,游标卡尺最大分辨率(精度)为 0.02 mm。副尺上 $N = 50$ 格的长度为 50×0.98 mm $= 49$ mm,与主尺上的 49 格相等,相当于将主尺上的 1 mm 放大了 50 倍。

如果副尺相邻刻度线的间距为 $\Delta_E = 0.95$ mm,副尺上 $N = 20$ 格,则与主尺相邻刻度线的间距 Δ_D 的差值为 $\Delta = \Delta_D - \Delta_E = 0.05$ mm $= \frac{1 \text{ mm}}{20}$,游标卡尺最大分辨率(精度)为 0.05 mm,副尺上 $N = 20$ 格的长度为 20×0.95 mm $= 19$ mm,与主尺上的 19 格相等,相当于将主尺上的 1 mm 放大了 20 倍。

游标卡尺就是利用主尺相邻刻度线的间距 Δ_D 与游标上相邻刻度线的间距 Δ_E 的差值 $\Delta = \Delta_D - \Delta_E$ 进行放大的。差值 Δ 越小,游标上刻度线越多,放大倍数越大。

问题:如果副尺相邻刻度线的间距为 $\Delta_E = 0.9$ mm,副尺上有 $N = 10$ 格,则与主尺相邻刻度线的间距 Δ_D 的差值为 $\Delta = \Delta_D - \Delta_E = 0.1$ mm,问游标卡尺最大分辨率(精度)为多少 mm,相当于将主尺上的 1 mm 放大了多少倍?

2.2.3　游标卡尺有效数值的读取方法

用游标卡尺测量长度前,要调节游标将图 2-1 中的 A 与 B,A′ 与 B′ 靠紧,观察主尺上的零刻度线与副尺上的零刻度线是否对齐。如果对齐则零点读数 $D_0 = 0.00$ mm,如图 2-2 所示;如果没有对齐,则零点读数 D_0 不等于零,测量结果要加上或减去该值。

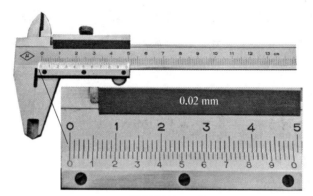

零点读数D_0=0.00 mm

图 2-2 游标卡尺的零点读数

以主尺和副尺上的 0 刻度线为标志,读取待测物的长度 L,先读取主尺与游标 0 线对齐的位置的毫米以上的整数部分 L_1 的刻度值;再加上从副尺读取的不足 1 mm 的小数部分 L_2 值,$L=L_1+L_2$,其中 $L_2=k\dfrac{1}{N}$ mm,k 为游标上与主尺某刻线对得最齐的那条刻线的序数,N 为游标上刻度线总数。

例如图 2-3 所示的游标卡尺读数为 $L_1=0$,$L_2=k\dfrac{1}{N}=\dfrac{12}{50}=0.24$ mm,所以 $L=L_1+L_2=0+0.24$ mm $=0.24$ mm。

许多游标卡尺的游标上标有精度值,L_2 可以直接从游标上读出。如图 2-3,可以从游标上直接读出 L_2 为 0.24 mm。

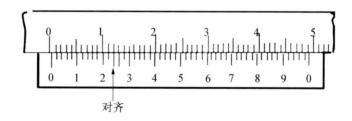

对齐

图 2-3 50 分度游标卡尺

2.2.4 使用游标卡尺测量体积

自选一长方体金属块作为待测物,设计表格记录数据,学会间接测得物理量的最佳值、误差、不确定度的计算方法,以及有效数字取舍和结果保留规则。

设长方体金属块的长、宽、高分别为 a、b、c,体积 $V=abc$,如图 2 - 4 所示。由于长方体金属块的不均匀性,不同位置的值可能不相等,所以要用游标卡尺测量不同位置的值。在测量前,将游标卡尺的卡口靠拢,观察主尺的零刻度线与游标的零刻度线是否对齐。如果对齐,则零值误差等于零,如果不对齐,记下该零值误差,测量结果要加上或减去该值。测量结果记入表 2 - 2。

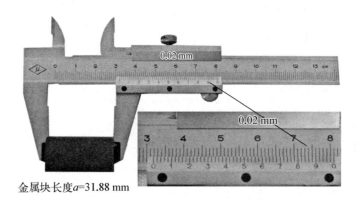

金属块长度 a=31.88 mm

图 2 - 4　游标卡尺测长度

表 2 - 2　用游标卡尺测量金属块的体积(零值误差为 0)

测 量 项 目	a/mm	b/mm	c/mm	$V=abc/\text{mm}^3$
第一次测量值				$V_1 = a_1 b_1 c_1$
第二次测量值				$V_2 = a_2 b_2 c_2$
第三次测量值				$V_3 = a_3 b_3 c_3$
第四次测量值				$V_4 = a_4 b_4 c_4$
第五次测量值				$V_5 = a_5 b_5 c_5$
第六次测量值				$V_6 = a_6 b_6 c_6$
平均值	$\bar{a}$	$\bar{b}$	$\bar{c}$	$\bar{V}$
A 类不确定度	a_A	b_A	c_A	V_A
B 类不确定度	δ_a	δ_b	δ_c	V_B
合成不确定度	Δ_a	Δ_b	Δ_c	Δ

2.2.5 间接测得值的数据处理

直接测得物理量 a、b、c 的最佳值（平均值）、误差、不确定度的计算方法，有效数字取舍和结果保留规则同 2.1 节。间接测得物理量 V 的最佳值、误差、不确定度的计算方法有如下两种。

2.2.5.1 第一种间接测得物理量 V 的最佳值、误差、不确定度的计算方法

（1）先求直接测得物理量的平均值：

直接测得物理量的平均值分别为

$$\bar{a} = \frac{a_1 + a_2 + a_3 + a_4 + a_5 + a_6}{6}$$

$$\bar{b} = \frac{b_1 + b_2 + b_3 + b_4 + b_5 + b_6}{6}$$

$$\bar{c} = \frac{c_1 + c_2 + c_3 + c_4 + c_5 + c_6}{6}$$

（2）求 A 类不确定度（测量值的标准偏差）：

直接测得物理量的 A 类不确定度分别为

$$a_A = \sqrt{\frac{\sum_{i=1}^{6}(\bar{a} - a_i)^2}{5}}, \ b_A = \sqrt{\frac{\sum_{i=1}^{6}(\bar{b} - b_i)^2}{5}}, \ c_A = \sqrt{\frac{\sum_{i=1}^{6}(\bar{c} - c_i)^2}{5}}$$

$$(2-10)$$

（3）求 B 类不确定度：

由于测量工具相同，直接测得物理量的 B 类不确定度相等，取仪器最小分度值的一半，如果游标卡尺的精度为 0.02 mm，可取

$$\delta_a = \delta_b = \delta_c = \Delta_B = \Delta_{仪} = 0.01 \text{ mm}$$

（4）求各物理量总的不确定度：

$$\Delta_a = \sqrt{\Delta_B^2 + a_A^2}, \ \Delta_b = \sqrt{\Delta_B^2 + b_A^2}, \ \Delta_c = \sqrt{\Delta_B^2 + c_A^2}$$

（5）间接测得量 V 的最佳值：

根据函数关系 $V=abc$，间接测得量 V 的最佳值为

$$\overline{V}=\overline{a}\,\overline{b}\,\overline{c}$$

（6）求间接测得量 V 的合成不确定度：

由物理量的函数关系 $V=abc$ 可知，体积的不确定度来源于测量边长时存在的不确定度，按式（1-20）所述方法，对它们的数量关系式求全微分可得

$$\Delta V=\overline{b}\,\overline{c}\Delta_a+\overline{a}\,\overline{c}\Delta_b+\overline{a}\,\overline{b}\Delta_c$$

2.2.5.2　第二种间接测得物理量 V 的最佳值、误差、不确定度的计算方法

（1）求每次间接测量值体积 V：

$$V_1=a_1b_1c_1,\ V_2=a_2b_2c_2,\ \cdots,\ V_6=a_6b_6c_6$$

（2）求体积 V 的最佳值：

$$\overline{V}=\frac{V_1+V_2+\cdots+V_6}{6}$$

（3）求体积 V 的 A 类不确定度（测量值的标准偏差）：

$$V_A=\sqrt{\frac{\sum\limits_{i=1}^{6}(\overline{V}-V_i)^2}{5}}$$

（4）求体积 V 的 B 类不确定度：

由物理量的关系 $V=abc$ 可知，体积的 B 类不确定度来源于测量边长时存在的 B 类不确定度（仪器、工具带来的系统误差），它们的数量关系为

$$V_B=\overline{b}\,\overline{c}\delta_a+\overline{a}\,\overline{c}\delta_b+\overline{a}\,\overline{b}\delta_c$$

由于测量 a、b、c 所使用的游标卡尺精度同为 $0.02\ \mathrm{mm}$，是等精度测量，所以可取 $\delta_a=\delta_b=\delta_c=\Delta_B=\Delta_\text{仪}=0.01\ \mathrm{cm}$。

（5）求体积 V 总的不确定度：

$$\Delta=\sqrt{V_A^2+V_B^2}$$

最后结果 V 写成

$$\overline{V} \pm \Delta$$

式中，Δ 保留一位有效数字，最多两位；$\overline{V}$ 的有效数字的最后一位与误差位对齐。其含义是待测物体的体积最佳值为 $\overline{V}$，不确定度为 Δ，真值有近 95% 的可能落在 $(\overline{V} - \Delta, \overline{V} + \Delta)$ 区间内。

2.2.6 使用游标卡尺测量物体的内径、外径和深度

使用游标卡尺测量物体的内径如图 2-5、外径如图 2-6 和深度如图 2-7 所示，进行多次测量，设计表格记录数据，仿照 2.1 节的方法处理实验数据，分别求内径、外径和深度的最佳值（平均值）、误差、不确定度，并正确取舍有效数字。

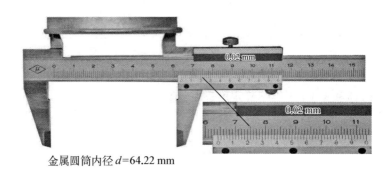

金属圆筒内径 d=64.22 mm

图 2-5　游标卡尺测内径

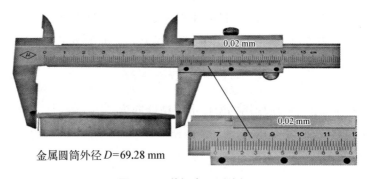

金属圆筒外径 D=69.28 mm

图 2-6　游标卡尺测外径

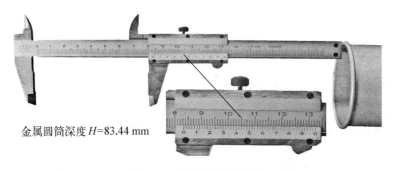

金属圆筒深度 $H=83.44$ mm

图 2–7　游标卡尺测深度

2.3　螺旋测微器

游标卡尺利用主尺相邻两刻度间距与副尺相邻两刻度间距的差值,对小于 1 mm 的长度进行放大。螺旋测微器则是利用精密螺纹的螺旋间距和圆周对小于 0.5 mm 的长度进行放大。

2.3.1　螺旋测微器的结构和放大原理

螺旋测微器又名千分尺,它的构造如图 2–8 所示,主要由测微螺杆和螺母套管所组成,螺母套管上的刻度为主尺,测微螺杆的后端连着圆周上刻有 N 分格的微分筒,测微螺杆可随微分筒的转动而进退。螺母套管的螺距一般为 0.5 mm,当微分筒相对于螺母套管转一周时,测微螺杆就沿轴线方向前进或后退 0.5 mm;当微分筒转过一小格时,测微螺杆则相应地移动 $\frac{0.5}{N}$ mm 距离,测量时沿轴线的微小长度均能在微分筒圆周上准确地反映出来。可见,螺旋测微器是利用螺旋推进原理而设计制造的,将小于 0.5 mm 的长度放大到微分筒的圆周上。比如 $N=50$,则能准确读到 0.5/50＝0.01 mm,再估读一位,则可读到 0.001 mm,这正是称螺旋测微器为千分尺的缘故。实验室常用的千分尺的示值误差为 0.004 mm。

使用螺旋测微器测量物体长度前,要进行“零”点核准。在测微螺杆与砧台之间未放物体时,转动棘轮,使测微螺杆向砧台移动,当棘轮发出“轧、轧”之声时即停止转动,活动套管不再转动,测微螺杆也停止前进,此时测微螺杆与砧台

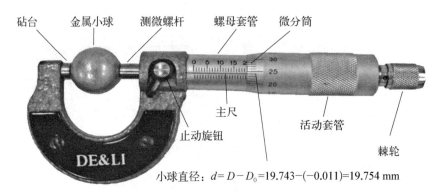

砧台　金属小球　测微螺杆　螺母套管　微分筒

主尺

止动旋钮

活动套管

棘轮

小球直径：$d = D - D_0 = 19.743 - (-0.011) = 19.754$ mm

图 2-8　螺旋测微器结构和读数

已靠紧,如图 2-9 所示,观察微分筒"0"线与螺母套管的横线是否对齐。若未对齐,则此时的读数为零点误差,按正负之分记下零点误差,测量结果要加上或减去该零点误差。

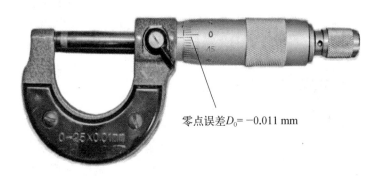

零点误差$D_0 = -0.011$ mm

图 2-9　螺旋测微器的零点误差

使用螺旋测微器测量物体长度读数时,先在螺母套管的主尺上读出 0.5 mm 以上的读数,再由微分筒圆周上与螺母套管横线对齐的位置上读出不足 0.5 mm 的数值,再估读一位,则三者之和即为待测物的长度。如图 2-8 所示,读数为 $D = 19 + 0.5 + 0.243 = 19.743$ mm,考虑零点误差 $D_0 = -0.011$ mm 后,小球直径 $d = D - D_0 = 19.743 - (-0.011) = 19.754$ mm。

2.3.2　用螺旋测微器测量小球的直径

(1) 测量前的"零"点核准。轻轻转动棘轮,待听到发出"轧、轧"之声时即停止转动。然后观察微分筒"0"线与螺母套管的横线是否对齐。若未对

齐,如图 2-10 所示,其中(a)图 $D_0 = 0.021$ mm,
(b)图 $D_0 = -0.028$ mm。

（2）测量时,将待测物放于砧台与测微螺杆之
间,如图 2-8 所示,转动微分筒,当测微螺杆与待测
物快要接触时,再轻转棘轮,听到"轧、轧"声音时停
止转动,进行读数。

（3）重复测小球直径 5 次,记下每次的读数及螺
旋测微器的示值误差。

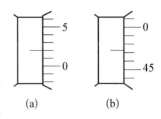

图 2-10　零点误差的正负
(a) 正；(b) 负

（4）为了防止受热膨胀时测微螺杆与砧台两接触面因挤压而被损坏,测量
完毕后,要使砧台与测微螺杆之间留有一定的空隙。

（5）测量小球不同位置的直径,结果记入表 2-3,计算小球直径最佳值和
不确定度。

表 2-3　用螺旋测微器测小球的直径,零点误差 $D_0 =$ _____

测 量 次 数	物 理 量	
	$D_{读}$	$D = D_{读} - D_0$
1		
2		
3		
4		
5		

2.4　读数显微镜测量微小物体的长度

对于柔软、形状易改变的物体,不能直接用游标卡尺或螺旋测微器进行测
量,如,棉线的直径、细胞的大小等。必须先用显微镜将它放大到人眼可分辨清
楚时,再配合游标卡尺或螺旋测微器进行测量。

2.4.1 读数显微镜的结构和功能

　　读数显微镜是显微镜与游标卡尺、螺旋测微器的组合,是测量长度的精密仪器,如图 2-11 所示。显微镜由目镜和物镜组成,目镜筒中装有十字叉丝,用以对准被测物。把显微镜的载物台与测微螺杆上的螺母套管相连,旋转其中的测微鼓轮的"前后调节旋钮 A"和"左右调节旋钮 B",相当于转动千分尺的测微螺杆和微分筒,就可以带动显微镜载物台前后、左右移动。读数显微镜测微螺杆 A 的螺距为 1 mm,测微鼓轮圆周上刻有 100 分格,则最小分度值为 0.01 mm,如图 2-11 中的 A。有的读数显微镜测微螺杆螺距为 0.5 mm,测微鼓轮圆周上刻有 50 分格,则最小分度值为 0.01 mm,如图 2-11 中的 C。A 和 C 的读数方法与千分尺相同,其示值误差为 0.015 mm。图 2-11 中的 B 为角度读数盘,其读数同游标卡尺。

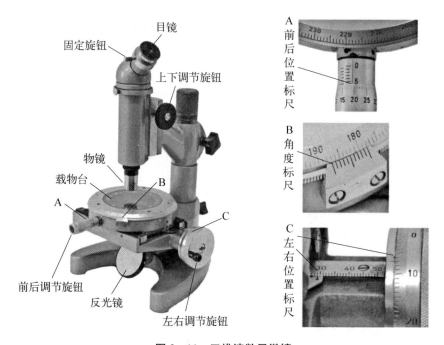

图 2-11 三维读数显微镜

2.4.2 用读数显微镜测量物体的长度

　　(1)调节反光镜角度,使目镜中能看到明亮均匀的光照;松开"固定旋钮"

来调节读数显微镜的目镜,使观察到的十字叉丝清晰。

(2)把铜丝或布片等细小的物体置于显微镜物镜的正下方,转动"上下调节旋钮",从目镜中观察到物体清晰的像。调节"载物台"的左右、前后和角度位置,使目镜叉丝横丝与读数显微镜的标尺平行或垂直,消除视差。平移和旋转读数显微镜"载物台",观察待测的铜丝或棉线左右是否都在读数显微镜的读数范围之内,确保其位于视域中心。

(3)转动鼓轮 A 或 B,使叉丝尽量对准铜丝或棉线直径的两端点,记录一个读数,然后继续转动测微鼓轮使叉丝对准另一个端点,记录另一个读数,两端点位置之差为待测铜丝或棉线的直径。重复 5 次,数据记入表 2-4 中。注意在一次测量过程中,测微鼓轮应沿同一个方向旋转,中途不得反转,以免引入回程误差。

表 2-4 用读数显微镜测量铜丝和棉线的直径(单位: _____)

物 理 量		铜丝的直径 L_1 (起始、终止位置)	棉线的直径 L_2 (起始、终止位置)
测量 次数	1		
	2		
	3		
	4		
	5		

根据表 2-4 求铜丝和棉线的直径,数据处理方法参照 2.2 节。

2.5 长度测量实验报告范例

1) 实验目的

(1)掌握米尺、游标卡尺、螺旋测微器的结构、原理和使用方法。

(2)了解读数显微镜测长度的结构和原理,并学会调节使用。

(3)巩固最佳值、误差、不确定度和有效数字运算取舍的知识,学习表格设计、数据记录处理及测量结果表示的方法。

2）实验仪器

米尺、游标卡尺、螺旋测微器、读数显微镜、待测物体等。

3）实验原理

（1）游标卡尺的结构、原理与读数。

游标卡尺的结构如图 2-1 所示，其放大原理是利用主尺上的相邻刻度线的间距大于游标上的相邻刻度线的间距，将小于 1 毫米的长度进行放大，达到提高测量精度的目的。详细的原理和读数方法请见"2.2 游标卡尺的结构、放大原理和使用"。

（2）螺旋测微器的结构、原理与读数。

螺旋测微器的结构如图 2-8 所示，其放大原理是利用螺母套管的螺距和微分筒的圆周，对小于 1 毫米的长度进行放大，达到提高测量精度的目的。详细的原理和读数方法请见"2.3 螺旋测微器"。

（3）读数显微镜的结构、原理与读数。

读数显微镜结构如图 2-11 所示，它利用光学成像原理对长度进行放大的同时，与螺旋测微器、游标卡尺配合，是测量长度的精密仪器。详细原理和调节使用方法请见"2.4 读数显微镜测量微小物体的长度"。

4）实验内容

（1）用游标卡尺间接测量圆筒侧面的体积。

① 校准游标卡尺的零点，记下零读数 D_0。

② 用外量爪测外径 D_1，用尾尺测量高 H，用内量爪测内径 D_2，重复测量 5 次。将直接测量结果记入表 2-5 中。

表 2-5　用游标卡尺测量圆筒侧面的体积（$\Delta_仪 = 0.02$ mm，零点误差 $D_0 = 0.00$ mm）

测量次数	测 量 项 目		
	外径 D_1 /mm	内径 D_2 /mm	高 H /mm
1	48.04	34.96	21.88
2	48.06	35.02	21.90
3	47.98	34.98	21.96
4	47.96	34.94	21.94
5	48.00	35.04	21.86

③ 求体积的最佳值、误差和不确定度。

$$\overline{D}_1 = 48.008 \text{ mm}$$

$$S_{D_1} = \sqrt{\frac{\sum (D_{1i} - \overline{D}_1)^2}{5-1}} = 0.041 \text{ mm}$$

$$\Delta_{D_1} = \sqrt{S_{D_1}^2 + \Delta_{仪}^2} = 0.046 \approx 0.05 \text{ mm}$$

$$D_1 = (48.01 \pm 0.05) \text{mm}$$

同理可得

$$D_2 = (34.96 \pm 0.05) \text{mm}$$

$$H = (21.91 \pm 0.05) \text{mm}$$

$$\overline{V} = \frac{\pi}{4}(\overline{D}_1^2 - \overline{D}_2^2)\overline{H} = 18\,575.20 \text{ mm}^3$$

$$\Delta_V = \sqrt{\left(\frac{\pi}{2}\overline{H}\,\overline{D}_1\Delta_{D_1}\right)^2 + \left(\frac{\pi}{2}\overline{H}\,\overline{D}_2\Delta_{D_2}\right)^2 + \left[\frac{\pi}{4}(\overline{D}_1^2 - \overline{D}_2^2)\Delta_H\right]^2}$$

$$= 88.494 \text{ mm}^3 \approx 88 \text{ mm}^3$$

$$V = (18\,575 \pm 89) \text{mm}^3$$

(2) 用千分尺测量小球的直径。

① 校准零点，记下零读数。

② 重复测量三次，测量时注意保护砧台与测微螺杆。测量结果记入表 2-6 中。

表 2-6　用千分尺测量小球的直径(零点误差：0，单位：mm)

直径 d			平均值	A 类不确定度（标准偏差）	B 类不确定度（仪器误差）	合成不确定度
1	2	3				
8.021	8.031	8.011	8.021	0.01	0.005	0.01

③ 求小球的直径和不确定度。

最佳值：$\overline{d} = \frac{1}{3}(d_1 + d_2 + d_3) = \frac{8.021 + 8.031 + 8.011}{3} = 8.021 \text{ mm}$

标准偏差：

$$S_d = \sqrt{\frac{\sum (d_i - \overline{d})^2}{(3-1)}}$$

$$= \sqrt{\frac{(8.021 - 8.021)^2 + (8.031 - 8.021)^2 + (8.011 - 8.021)^2}{2}}$$

$$= 0.010 \text{ mm}$$

仪器误差：$\Delta_{仪} = 0.005$ mm

总的不确定度：$\Delta_d = \sqrt{S_d^2 + \Delta_{仪}^2} = \sqrt{0.010^2 + 0.005^2} = 0.01$ mm

小球的直径：$d = (8.02 \pm 0.01)$mm

(3) 用读数显微镜测量毛细管的直径。

① 调整显微镜，对准待测物体，消除视差。

② 测量时，测微鼓轮始终在同一方向旋转时读数，以避免回程差，重复测量五次，结果记入表 2 − 7 中。

表 2 − 7　用读数显微镜测量毛细管的直径(示值误差：$\Delta_{仪} = 0.015$ mm)

测量项目	次　　数				
	1	2	3	4	5
D_2/mm	27.373	27.237	27.389	27.270	27.384
D_1/mm	27.270	27.377	27.284	27.388	27.288
$D = \mid D_2 - D_1 \mid$/mm	0.103	0.104	0.105	0.108	0.104

$$\overline{D} = 0.105 \text{ mm}$$

$$S_D = 0.002 \text{ mm}$$

$$\Delta_D = \sqrt{S_D^2 + \Delta_{仪}^2} \approx 0.02 \text{ mm}$$

$$D = (0.11 \pm 0.02) \text{mm}$$

5) 讨论与分析

根据上述测量结果，可从下列角度进行分析讨论。

(1) 从实验原理、方法、仪器用具、实际操作的角度分析讨论，阐述自己的体会。例如：用游标卡尺测量长度时，由于主尺和游标的刻度线有一定的宽度，在判断游标的刻度线与主尺刻度线哪条对齐时，移动眼睛使刻度线在两眼之间进行对比；如果前后连续三条都是对齐的，应以中间那条为准。在用螺旋测微器、显微镜测量长度时，由于测微螺杆螺纹和螺母套管螺纹之间存在间隙，在移动螺母套管时，要朝同一方向旋转，如果超过待测位置，需要退回时应该多退一段距离，再往初始方向移动到待测位置，以消除回程误差。

（2）从数据处理方法、测量结果的角度进行反思。例如：用游标卡尺、螺旋测微器测量长度，A 类不确定度大于 B 类不确定度；用显微镜测量长度，A 类不确定度小于 B 类不确定度。用游标卡尺测量长度的不确定度大于螺旋测微器测量长度的不确定度，说明螺旋测微器更精密。显微镜也是通过螺旋测微器测量长度的，但由于显微镜光学系统存在视差，使 B 类不确定度增大，所以显微镜测量结果的精度低于直接用螺旋测微器测量长度的精度。

2.6　调查研究、创新实训

（1）调查国内外长度测量技术的发展历史和现状。

（2）调查时空观的发展历史。

（3）调查长度定标的发展历史。

（4）调查游标卡尺、千分尺、显微镜的发明人及社会生产需求背景。

（5）设计制作工具实训：设计制作一把测量长度的米尺，要求最大长度为 1 米，最小分度值为 1 毫米。分析材料、制作技术工艺与所制工具精度的关系。

（6）创新测量长度的方法：米尺、游标卡尺、螺旋测微器、显微镜等都是直接与待测物进行比较测量长度的工具。我们可从另一角度，采用间接的方法测量长度，例如：请读者利用手机的录音功能测量门的高度，取一石子或金属小球，安放在与门框等高处，打开手机的录音功能，录制放开小球人发出的"开始"声音和小球着地的声音。从该声音文件的时间轴上，测量两声音的时间 t，代入自由落体关系 $h = \dfrac{1}{2}gt^2$（不计空气阻力），计算门框的高度，式中 h 为门框的高度，g 为重力加速度，t 为小球从门框顶端到着地所经历的时间。

（7）测量工具作用延伸：显微镜是将人眼不能直接识别的小物体放大到

人眼能识别,再与螺旋测微器配合测量该小物体长度的工具。请读者将米尺、游标卡尺、螺旋测微器与望远镜配合使用,设计制作测量远处物体长度的测量仪。

(8) 问题延伸:在生活、科学和工程技术中,有许多特殊的长度需要用特殊的方法测量,例如:在桌面上放一物体,桌面将形变,这种形变很小,不能直接观测,请自己试一试能否用显微镜观测这种形变的大小,并与用光杠杆观测进行比较,光杠杆装置请阅读本书的第 15 章。

第 3 章
质量和密度的测量

　　质量是描述物体所含物质多少的物理量,是物理学中七个基本物理量之一。经典理论认为,同一物体的质量是不随物体的形状和空间位置而改变的,狭义相对论认为同一物体的质量随运动速度的增大而增大。当物体的运动速度远小于光速时,质量的变化很微小,可忽略不计,从而认为同一物体的质量是不变的。同一物体的质量有两种表征,一种是在牛顿第二定律中,它反映物体惯性的大小,称为惯性质量;另一种是在牛顿万有引力定律中的质量,它反映物体相互吸引的性质,称为引力质量。通过无数精确实验测量同一物体的惯性质量和引力质量,结果表明两者是严格相等的。在日常生活中,质量常用来表示重量,但把物体从地球移到其他星球上,其质量不变,而重量改变,重量和质量是两个不同的概念。

　　我国早在秦代就使用株、两、斤、钧、石作为物体所含物质多少的单位。测量的主要工具后来发展为杠杆秤,天平是测量质量的另一种重要工具。随着传感器技术的发展,出现了电子天平,并迅速向高精度、高效率、高抗扰能力发展,单盘天平取代双盘天平、电子天平取代机械式天平、上皿式取代下皿式。未来将有越来越多的外部设备,如计算器、处理机和打印机与天平结合,构成一个智能化水平更高的秤衡系统。

　　物质密度指单位体积的质量,是物质的特性之一。每种物质都有一定的密度,且不随质量和体积的变化而变化,只随物态、温度、压强变化而变化。根据物质密度的特性,可鉴别组成物体的材料,判别物体中所含各种物质的成分,计算很难称量的物体质量(如天体)、形状比较复杂物体的体积(如地球)、液体内部压强和浮力,判定物体内部是实心还是空心等。测量密度的常用方法有称量法、密度计法、阿基米德定律法等。本章介绍利用物理天平测量质量和用静力称衡法测量密度。

3.1 实 验 目 的

（1）学习测量质量的仪器用具的结构、原理和调节使用方法。
（2）掌握物理天平的结构、原理和调节使用方法。
（3）学习测量物体体积和密度的静力称衡法。

3.2 实 验 仪 器

实验所需装置和器件包括物理天平、烧杯、比重瓶、温度计、玻璃块、金属块、酒精、盐等。

3.2.1 天平的结构及功能

典型的物理天平如图 3-1 所示，包括底座、立柱、横梁、横梁支架、底角螺丝、启动旋钮、指针标尺、刀口、平衡螺母、游码、游码标尺、托架、指针、秤盘等。秤衡时刀口 A_1 和 A_3 支撑吊耳 P_1 和 P_2，秤衡结束不使用时，吊耳 P_1 和 P_2 要安放在图中所示横梁的肩上；秤衡时刀口 A_2 支撑起横梁 N 离开横梁支架 M_1 和

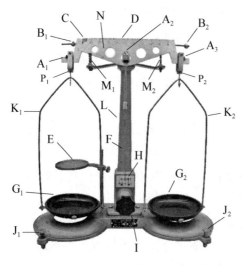

A_1、A_2、A_3—刀口
B_1、B_2—平衡螺母
C—游码
D—游码标尺
E—托架
F—指针
G_1、G_2—秤盘
H—指针标尺
I—启动旋钮
J_1、J_2—底角螺丝
K_1、K_2—吊架
L—立柱
M_1、M_2—横梁支架
N—横梁
P_1、P_2—吊耳

图 3-1 物 理 天 平

M_2,判断天平是否平衡,判断结束,随后依据判断结果调节天平或取放物体和砝码,注意在这一过程中都要将横梁 N 稳定地放回横梁支架 M_1、M_2;平衡螺母 B_1、B_2 用于调节天平平衡;秤衡前游码 C 调至游码标尺 D 的"0"刻度线处,秤衡时游码配合砝码秤衡物体的质量;托架 E 用于秤衡物体不在空气中的质量;指针 F 与指针标尺 H 配合,用于判断天平是否平衡;秤盘 G_1、G_2 置于吊架 K_1、K_2 上,用于放置物体或砝码;启动旋钮 I 控制横梁起落,当秤衡时支起横梁 N,离开横梁支架 M_1、M_2,判断后放下横梁;立柱 L 与底座、横梁支架 M_1 和 M_2 固定在一起,承载横梁及其上的吊耳;底角螺丝 J_1、J_2 用于调节天平水平,当天平未水平时如图 3-2(a)所示,气泡未在水准器中央,当天平水平时如图 3-2(b)所示,气泡在中央。

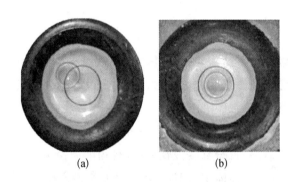

(a)　　　　　　　　(b)

图 3-2　天平水平调节

(a) 未水平时气泡;(b) 水平时气泡

3.2.2　天平的安装及调节

1) 安装

按图 3-1 所示安装天平。辨别横梁左边和右边的标记,通常左边标有"1",右边标有"2",吊耳和秤盘上也标有 1、2 字样。安装时,左右必须分清,不可弄错,要轻拿轻放,避免碰撞刀口。

2) 水平调整

调节天平的底角螺丝 J_1、J_2,观察圆气泡水准器中的气泡,将气泡调至中央,保证天平立柱铅直状态。有些天平是采用铅垂线和底柱准尖对齐来调节水平的。

3）零点调节

天平空载，先用镊子把游码C拨到刻度零位处，轻轻顺时针旋转启动旋钮I，支起横梁，观察指针的摆动情况，当指针指在标尺中线或在其左右做小幅度等幅摆动时，天平即达到平衡。如不平衡，逆时针转动制动旋钮C，落下横梁，调节两端的平衡螺母，再观察，直至天平达到平衡。

3.3　实　验　原　理

设体积为V的某一物质的质量为M，则该物质的密度ρ等于

$$\rho = \frac{M}{V} \tag{3-1}$$

质量M可以用天平精确测得，但是外形尺寸不规则的物体体积V则难以测量，下面介绍已知液体密度，根据浮力定律，由天平测量体积的方法。

1）静力称衡法测量固体的密度

设被测物不溶于水，其在空气（空气的浮力忽略不计）中秤得的质量为m_1。用细丝将其悬吊，且全部浸没在水中，秤得的质量为m_2。又设水在当时温度下的密度为ρ_w，物体体积为V，则依据阿基米德定律，有

$$V\rho_w g = (m_1 - m_2)g \tag{3-2}$$

式中，g为重力加速度。由式（3-2）可知

$$V = \frac{m_1 - m_2}{\rho_w} \tag{3-3}$$

将式（3-3）代入式（3-1），可得固体的密度为

$$\rho = \rho_w \frac{m_1}{m_1 - m_2} \tag{3-4}$$

由式（3-4）可知，利用阿基米德定律，对体积的测量转化为对质量的秤衡，从而用天平测量出不规则物体的体积和密度。

2）静力称衡法测液体的密度

对于互不相溶，又不发生化学反应的固体和液体，例如水和玻璃块，如果已

知其中固体密度和另一种液体密度,则可测出待测液体的密度。

设固体的体积为 V,在空气中秤得质量为 m_1,将其悬吊在密度为 ρ_x 的待测液体中的称衡值为 m_2,悬吊在密度为 $\rho_{水}$ 的水中称衡值为 m_3,则有

$$V\rho_x g = (m_1 - m_2)g \qquad (3-5)$$

$$V\rho_{水} g = (m_1 - m_3)g \qquad (3-6)$$

由此可解得

$$\rho_x = \rho_{水} \frac{m_1 - m_2}{m_1 - m_3} \qquad (3-7)$$

式(3-7)表明,已知一种液体的密度,选用与两种液体不相容的固体,就能测量另一种液体的密度。

3.4　实验内容和要求

(1) 按图 3-1 安装天平。

(2) 按 3.2 节学习调节使用天平。

(3) 查阅文献,设计方案,测量天平的灵敏度 S。

(4) 根据式(3-4)和式(3-7),设计实验方案测量密度,叙述具体操作步骤,设计表格记录数据。

(5) 按间接测量数据处理方法,求密度的最佳值和不确定度。

3.5　实验方法延伸和创新实训

(1) 调查国内外发明质量测量工具的历史背景、测量技术的发展历史和现状。

(2) 调查质量定标的发展历史。

(3) 杠杆秤和天平都应用了杠杆平衡、力矩相等的原理,请读者调查杠杆秤和天平的发明人及社会生产需求背景。

(4) 用不同的方法解决同一问题:本实验是利用物理天平测量物体的质

量和体积,请分别用杠杆秤、电子秤,根据式(3-4),设计制作测量固体密度的装置;根据式(3-7),设计制作测量液体密度的装置。

(5) 实验方法创新:有些特殊装置中的物体无须通过测量物体的质量和体积就能测量密度,例如第13章弦音与听觉实验中,根据振动和波动规律,通过测量弦线所受张力、弦长、振动频率和波长,计算弦线的线密度。请读者探索测量质量、体积、密度的新方法。

第 4 章
物体运动状态变化的研究

时间和运动状态的变化是人类较早思考的两个物理现象,并且两者之间存在着紧密的联系。随着思考的逐渐深入,人们意识到有必要对时间进行有效的测量或者标定。在古代采用过观察沙漏、燃烧、影子、日月的变化等方法进行计时。如今借助精密仪器测量时间的范围小到纳秒,大到银河年(银河年是太阳系在轨道上绕着银河系中心公转一周的时间,在 2.25 亿至 2.5 亿"地球年"之间)。对于物体运动及其原因,我国古代自然科学的代表墨子(生于公元前 468 年)在《墨经》中提出"力,刑(形)之所以奋也(力是使物体运动状态发生变化的原因)",比亚里士多德(公元前 335 年)认为力是维持物体运动的原因要早 100 多年。直到 1662 年伽利略运用实验的方法指出以任何速度运动着的物体,只要除去加速或减速的外因,其速度就可以保持不变。牛顿创造性地将伽利略的思想推广到有力作用的情况,经过系统的理论与实验研究后,于 1687 年在《自然哲学的数学原理》一书中指出:动量为 P 的质点在外力 F 的作用下,其动量随时间的变化率同该质点所受的外力成正比,与外力的方向相同。这被后人称为牛顿第二定律,并与牛顿第一定律和牛顿第三定律共同构成了牛顿经典力学体系,是后续力学研究的理论基础,完美地解决了质点的运动问题,广泛应用在航空航天、工程等各个自然科学领域。

由牛顿第二定律 $F=\mathrm{d}P/\mathrm{d}t=ma$ 可知,影响物体加速度 a 的因素有合外力 F 和物体自身的质量 m。因此,需要测量的物理量有质量、时间、速度、加速度、力等。过去曾用打点计时器、砝码、纸带、小车和长木板等构建近似的匀加速直线运动模型,验证该定理。但是,这些方法存在摩擦阻力较大、计时精度较小等问题,引入实验误差较大。本实验采用气垫导轨减小摩擦阻力并控制物体做直线运动;采用光电触发式计时器来提高测量时间的精度,研究物体运动状态 a

与合外力 F 和自身的质量 m 之间的关系。

4.1 实 验 目 的

（1）学习气垫导轨的设计思想、结构、功能和调节使用方法。
（2）学习数字计时器的设计思想、结构、功能和调节使用方法。
（3）掌握时间、速度和加速度测量技术和方法。
（4）掌握研究物体运动状态改变的实验方法与思路。

4.2 实 验 仪 器

实验仪器与工具如图 4-1 所示，包括气垫导轨、气源、附件、数字计时器、滑块、U 形挡光片、砝码、电子天平等。

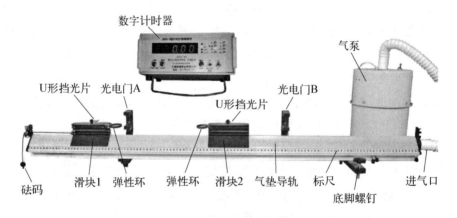

图 4-1 气垫导轨实验装置

气垫导轨是利用从气轨表面小孔喷出的压缩空气，使安放在导轨上的滑块与导轨之间形成很薄的空气气垫层，滑块悬浮于导轨表面从而避免了滑块与导轨面之间的接触摩擦，仅有微小的空气层黏滞阻力和周围空气的阻力。因此，滑块的移动可近似为"无摩擦"运动。

导轨由一根平直的三角形铝合金管制成，长 1.2～1.5 m。其两侧轨面上均匀分布着两排细小的气孔,导轨的一端封闭,另一端装有进气嘴,当空气从微型气泵经软管压入导轨后,就从小孔喷出气流而托起导轨上的滑块,滑块被托起的高度为 0.01~0.1 mm。导轨的一端装有滑轮,整个导轨装在横梁上,横梁下面有三个底脚螺钉,既作为支撑点,也用以调整导轨的水平状态,还可在螺钉下加放垫块,使导轨成为斜面。

滑块由三角形铝制成,是导轨上的运动物体,其两侧内表面与导轨表面精密吻合。两端装有缓冲弹簧或尼龙搭扣,上面安置计时用的 U 形或窄条挡光片。

光电门的两侧一边安置光源,相对应的另一边装有感光的光敏电阻,光敏电阻的阻值随光照的强度变化而变化,当 U 形挡光片通过光电门时,可以改变光敏电阻所受光照的强度,引起阻值的改变,致使光敏电阻两端电压的改变。电压变化的信号通过传感器传到数字计时器上,数字计时器根据电压信号的变化来计算 U 形挡光片的挡光次数 n、第一次挡光到不挡光的时间 t_1、第一次挡光到不挡光再到第二次挡光的时间 t_2,从而达到测量时间的目的。如果已知挡光到不挡光的距离 L_1,或已知第一次挡光到不挡光再到第二次挡光的距离 L_2,则可测量平均速度。在数字计时器背面上有选择距离的按键,如果距离足够小,可将所测平均速度近似认为是即时速度。考虑滑块在导轨上做匀加速运动,如果在气垫导轨上安置两个光电门 A、B,分别测出 U 形挡光片经过光电门 A、B 的时间和速度,再测出两个光电门的间距便可对滑块的加速度进行求解。所以,数字计时器与光电门、U 形挡光片配合,可测量次数、时间、周期、速度、加速度。其正面和背面如图 4 - 2 所示,面板上各按键的功能请参阅相关仪器说明书。

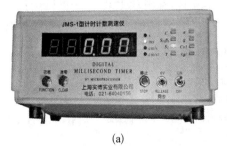
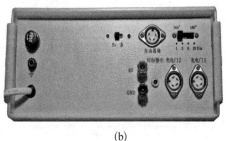

(a)　　　　　　　　　　　　(b)

图 4 - 2　数字计时器面板

(a) 数字计时器正面;(b) 数字计时器背面

将研究对象置于三角气垫导轨上,气垫导轨一方面控制研究对象做一维直线运动,另一方面由气泵提供的气流通过光滑导轨表面小孔流出,支撑滑块处于悬浮状态,消除滑块与导轨表面之间的摩擦力。U 形挡光片和砝码固定在滑块上,与滑块一起在气垫导轨上运动,当 U 形挡光片经过光电门时,起挡光作用,触发计时器开始计时或停止计时,测量挡光片经过光电门的时间,从而测量滑块的速度和加速度。

4.3 实验原理

由牛顿第二定律可知,若要验证该定律,或研究物体运动状态的变化,需要测量的物理量有质量、时间、速度、加速度和力。对于质量、时间和力,可以直接测量,而速度、加速度必须间接测量。

1) 速度的测定

物体做一维运动时,平均速度表示为

$$\bar{v} = \frac{\Delta x}{\Delta t} \qquad (4-1)$$

若时间间隔 Δt 或位移 Δx 取极限,就得到物体在某位置或某一时刻的瞬时速度:

$$v = \lim_{\Delta \to 0} \frac{\Delta x}{\Delta t} \qquad (4-2)$$

在实际测量中,可以对运动物体取一很小的 Δx,用其平均速度近似地代替瞬时速度。实验时,在滑块上装上一个 U 形挡光片,如图 4-3 所示。当滑块经过光电门时,挡光片第一次挡光(AA' 或 CC'),数字计时器开始计时,紧接着挡光片第二次挡光(BB' 或 DD'),计时立即停止,计时器上显示两次挡光的时间间隔 Δt。由于 $\Delta x = AB = CD$,约 1 cm,相应的 Δt 也很小,因此,可将 $\dfrac{\Delta x}{\Delta t}$ 之值当作滑块经过光电门所在点的瞬时速度大小。

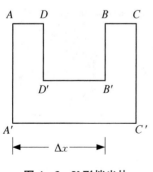

图 4-3 U 形挡光片

2）加速度的测定

加速度 a 是描述物体运动状态变化快慢的物理量，因此本实验主要探索影响 a 的因素。当滑块做匀加速直线运动时，其加速度 a 的大小可用下式求得：

$$a = \frac{v_2^2 - v_1^2}{2(x_2 - x_1)} \qquad (4-3)$$

式中，v_1 和 v_2 分别为滑块经过前、后两光电门的瞬时速度大小，x_1 和 x_2 为与之相对应的光电门的位置（以指针为准）。v_1 和 v_2 可用前述方法测得，x_1 和 x_2 可由附着在气垫导轨上的米尺读出。

3）研究物体运动状态的变化关系

牛顿认为物体运动状态发生变化的加速度大小与所受合外力成正比，方向一致，与物体的质量成反比。本实验将构建一个由滑块、细线、滑轮和砝码组成的匀加速直线运动模型，如图 4-4 所示。分析研究对象滑块 M 和起外力作用的砝码 m 的受力情况，依据牛顿第二定律，可得滑块 M 和砝码 m 的动力学方程为

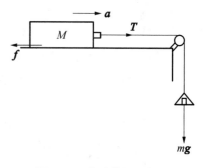

$$mg - T = ma$$
$$T - f = Ma \qquad (4-4)$$

图 4-4　实验装置示意图

式中，M 为滑块的质量，m 为砝码盘和砝码的总质量，T 为细线的张力，a 为加速度，f 为滑块气垫导轨之间的滑动摩擦力。值得注意的是，本实验采用气泵提供的气流通过光滑导轨表面小孔流出，支撑滑块处于悬浮状态，消除滑块与导轨表面之间的摩擦力，目的是使 $f = 0$，解决摩擦力难以测量的问题。因此，由式（4-4）可得 $M + m$ 组成的系统与所受合外力存在如下关系：

$$F = mg = (M+m)a，或 \ a = \frac{1}{M+m}F \qquad (4-5)$$

分两步探索式（4-5）的关系，第一步验证当系统质量 $(M+m)$ 一定时，$a \propto F$，通过测量在不同外力 F 作用下滑块的加速度值 a，以 F 为横坐标，a 为纵坐标，作 F-a 曲线，观测该图的特征。若所绘制的 F-a 图为过原点的直线，其平均斜率近似为 $1/(M+m)$，则物体运动状态改变快慢（加速度）与所受

合外力的大小成正比。

第二步是当系统所受的合外力 F 一定时，$a \propto 1/(M+m)$，改变滑块的质量 M，测量不同质量下滑块的加速度值 a，以 $1/(M+m)$ 为横坐标，以 a 为纵坐标，作 $a \propto 1/(M+m)$ 曲线，观测该图的特征。若所绘制的图为直线，其平均斜率近似为 F，则物体运动状态改变快慢（加速度）与物体的质量成反比。

4.4 实 验 内 容

4.4.1 气垫导轨的水平调整

气垫导轨装置如图 4-1 所示，实验测量前对气垫导轨要进行水平调节。调节气垫导轨水平的方法是先进行静态调平，再动态调平。

（1）静态调节法：接通气源，用手测试导轨，若感到导轨两侧气孔明显有气流喷出，则通气状态良好。把装有挡光片的滑块轻置于导轨上，若滑块总向导轨一头定向滑动，则表明导轨该头的位置相对较低，导轨不水平，可调节导轨一端的单脚螺钉或另一端的双脚螺钉，使滑块在导轨上保持不动或稍微左右摆动而无定向移动，那么导轨已基本水平。

（2）动态调节法：调节两光电门的间距，使之约为 50 cm（以指针为准）。打开数字计数器开关，导轨通气良好后，放上滑块，使之以某一初速度在导轨上来回滑行。设滑块经过两光电门的时间分别为 Δt_1 和 Δt_2，观察 Δt_1 和 Δt_2 的数据，若考虑空气阻力的影响，滑块经过第一个光电门的时间 Δt_1 总是略小于经过第二个光电门的时间 Δt_2（两者相差 2% 以内），就可认为导轨已调水平。否则根据实际情况调节导轨下面的单脚螺钉，反复观察，直到计算左右来回运动对应的时间差（$\Delta t_1 - \Delta t_2$）大体相同为止。

4.4.2 测定速度

用游标卡尺测量 Δx，如图 4-3 所示。将数字计时器功能键置于"计时"挡，使滑块在气垫导轨上运动，计时器显示屏依次显示出滑块经过两光电门的时间间隔，用式（4-1）计算出相应的速度 v_1 和 v_2。此外，从计时器上也可直接读取速度 v_1 和 v_2 的值。

4.4.3　测定加速度

按图 4-4 所示,用一细线经导轨一端的滑轮将滑块和砝码盘相连。估计线的长度,使砝码盘落地前滑块能顺利通过两光电门。根据实验要求向砝码盘上添加砝码。

将滑块移至远离滑轮的一端,静置自由释放。滑块在合外力 F 作用下做初速度为零的匀加速直线运动。计时器上依次显示滑块经过两光电门的时间间隔 Δt_1 和 Δt_2,用式(4-1)和式(4-3)分别计算出滑块经过两光电门的速度 v_1、v_2 和加速度 a,或直接从计时器上读取上述各个物理量的数值和单位,将结果记入表中。

4.4.4　研究影响物体运动状态 a 的因素

1) 系统质量保持不变,测量滑块加速度与合外力的关系

(1) 在 4.4.3 节的基础上,测量两光电门间距离 $x_2 - x_1$、两挡光片对应边的距离 Δx、滑块质量 M、砝码盘质量 m_0、砝码块质量 m、系统总质量 $M_{系}(=M + m_0 + 4m)$,保持系统的总质量不变。

(2) 在滑块上加 4 个砝码,测定外力(砝码盘的重力)作用下,滑块运动的加速度 a,将读取的数据记入表 4-1 中。

(3) 再将滑块上的 4 个砝码分 4 次,每次从滑块上移动一块砝码至砝码盘中,改变合外力,测定对应的滑块运动的加速度 a,将读取的数据记入表 4-1 中。

表 4-1　保持系统的总质量不变,改变外力测量结果

F /N	Δt_1 / ms	v_1 / (m/s)	Δt_2 /ms	v_2 / (m/s)	a / (m/s^2)	$a_{理}$/ (m/s^2)	E /%	$\overline{E}$ /%
$m_0 g$								
$(m_0 + m)g$								
$(m_0 + 2m)g$								
$(m_0 + 3m)g$								
$(m_0 + 4m)g$								

（4）根据表 4-1 的实验结果，计算加速度的相对误差和相对误差的平均值。

（5）以 F 为横坐标，a 为纵坐标，作 $F-a$ 曲线，求直线的截距和斜率，其平均斜率近似为 $\dfrac{1}{M_系}$，即可验证：质量一定，物体加速度的大小与所受合外力的大小成正比。

2）保持滑块所受外力不变，改变滑块质量

（1）测量两光电门间距离 x_2-x_1、两挡光片对应边的距离 Δx、滑块质量 M、砝码盘质量 m_0、砝码块质量 m，系统的总质量 $M_系=M+m_0+nm$，其中 $n=1,2,3,4$。

（2）测定外力（砝码盘的重力）作用下，滑块运动的加速度 a，将读取的数据记入表 4-2 中。

（3）在滑块上，每次增加一块砝码，改变质量，测定对应滑块运动的加速度 a，将读取的数据记入表 4-2 中。

表 4-2　保持滑块所受外力不变，改变滑块质量的实验结果

$M_系$	Δt_1 / ms	v_1 / (m/s)	Δt_2 /ms	v_2 / (m/s)	a / (m/s^2)	$a_理$ / (m/s^2)	E /%	$\overline{E}$ /%
m_0								
(m_0+m)								
(m_0+2m)								
(m_0+3m)								
(m_0+4m)								

（4）根据表 4-2 的实验结果，计算加速度的相对误差和相对误差的平均值。

（5）以 $\dfrac{1}{M_系}$ 为横坐标，a 为纵坐标，作 $a\sim\dfrac{1}{M_系}$ 曲线，求直线的截距和斜率，其平均斜率近似为 F，即可验证：物体所获得的加速度与物体的质量成反比。

4.5　实　验　举　例

1) 系统质量保持不变,改变合外力实验结果

测量结果如表 4-3 所示,其中两光电门间距离 $x_2 - x_1 = 40 \, \text{cm}$,两挡光片对应边的距离 $\Delta x = 3 \, \text{cm}$,滑块质量 $M = 205.4 \, \text{g}$,砝码盘质量 $m_0 = 19.6 \, \text{g}$,砝码质量 $m = 50 \, \text{g}$,滑块系统总质量 $M_\text{系} = M + m_0 + 4m = 425 \, \text{g}$。

表 4-3　保持系统的总质量不变,改变合外力的测量结果

F / N	$\Delta t_1 / \text{ms}$	$v_1 / \text{(m/s)}$	$\Delta t_2 / \text{ms}$	$v_2 / \text{(m/s)}$	$a / \text{(m/s}^2)$	$a_\text{理} / \text{(m/s}^2)$	$E / \%$	$\overline{E} / \%$
$m_0 g$	116.38	25.77	51.18	58.61	34.64	46.11	25	
$(m_0 + m)g$	67.36	44.53	26.39	113.67	136.74	163.76	16	
$(m_0 + 2m)g$	64.17	46.75	20.32	147.63	245.14	281.41	13	8.33
$(m_0 + 3m)g$	55.60	53.95	16.93	177.20	356.11	399.05	11	
$(m_0 + 4m)g$	53.13	56.46	14.61	205.33	487.19	516.71	6	

由表 4-3 可得加速度相对误差的平均值为 8.33%。由图 4-5 可知,外力

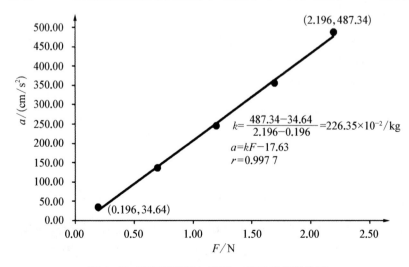

图 4-5　实验测得的加速度 a 与 F 的线性关系

F 与加速度 a 成直线关系,根据式(1-29)可得相关系数 $r=0.9977$,可以推断当系统总质量不变时,加速度与合外力成正比。

2)滑块所受外力保持不变,改变滑块质量的实验结果

测量结果如表 4-4 所示,其中两光电门间距离 $x_2 - x_1 = 40$ cm,$F = m_0 g = 19.6g$。

表 4-4　滑块所受外力保持不变,改变滑块质量的实验结果

$M_系$ /g	Δt_1 / ms	v_1 / (m/s)	Δt_2 /ms	v_2 / (m/s)	a / (m/s²)	$a_理$ / (m/s²)	E /%	$\overline{E}$ /%
225	83.03	36.13	35.90	83.56	70.97	87.11	19	
275	94.61	31.71	40.32	74.40	56.63	71.27	20	
325	113.43	26.44	45.19	66.38	46.34	60.30	23	11
375	115.64	25.94	48.28	62.13	39.85	52.27	24	
425	116.38	25.77	51.18	58.61	34.64	46.11	25	

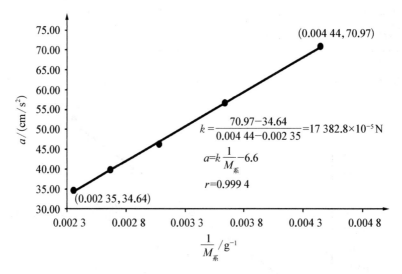

图 4-6　实验测得的加速度与质量倒数的直线关系

由表 4-4 可得加速度的平均相对误差为 11%,存在一定的误差。由图 4-6 可知,外力 F 一定,加速度 a 与质量的倒数成直线关系,根据式(1-29)可得相关系数 $r=0.9994$,可以推断合外力一定时,加速度与质量成反比。

综上所述,当滑块系统所受合外力一定时,滑块加速度的大小与滑块系统质量成反比;当系统质量一定时,滑块加速度的大小与合外力的大小成正比,可知牛顿第二定律成立。

4.6　实验方法延伸和创新实训

(1) 设计实验方案用气垫导轨测定重力加速度:

从附着于气垫导轨的米尺上读出两支撑螺钉刻线的位置 L_1 和 L_2,求得其间距 $L=L_1-L_2$,用游标卡尺测得垫块的厚度 h。 将垫块放在导轨支撑螺钉的下面,使导轨倾斜,则重力加速度沿导轨方向的分量为

$$a=g\sin\theta\approx gh/L \tag{4-6}$$

$$g=\frac{aL}{h} \tag{4-7}$$

用上述方法测得滑块沿倾斜导轨运动的加速度(为了消除黏滞阻力的影响,需分别测得上滑与下滑的加速度,然后取平均值),代入式(4-7),求得重力加速度值。

数据记录和计算,如表 4-5 所示。

表 4-5　数　据　表

h	上　滑			下　滑			$a=\dfrac{a_上+a_下}{2}\Big/(\text{m/s}^2)$
	$\Delta t_1/$ ms	$\Delta t_2/$ ms	$a_上/$ (m/s^2)	$\Delta t_1'/$ ms	$\Delta t_2'/$ ms	$a_下/$ (m/s^2)	

测量气垫导轨支撑螺钉间的垂直距离 $L=L_1-L_2$、两光电门间距离 x_2-x_1、两挡光片对应边的距离 Δx,求得重力加速度 $g_0\approx 9.793\text{ m/s}^2$。

（2）延伸气垫导轨的用途：在（1）中延伸了气垫导轨的用途，即测量重力加速度，本例继续延伸气垫导轨的用途，自行创设新的实验方案，在气垫导轨上研究弹簧振子做简谐振动的规律。

（3）探究实验装置的设计制造：分析气垫导轨的表面小孔大小、个数、气流方向对滑块运动的影响。用实验方法探索当滑块的质量增大至什么程度，滑块与导轨表面的摩擦力不能忽略。

（4）设计制造新的实验装置：例如把气垫导轨由三角形改成平面时，滑块应如何设计才能确保滑块做直线运动，阻力最小。

（5）问题延伸，考虑阻力：设计实验方案探索空气的阻力、空气层黏滞阻力、气流对滑块运动的影响。

（6）调查古代测量时间的方法和现代测量时间的技术发展现状。

（7）测量时间方法创新：用最简单的材料和用具设计制作一个测量时间的装置。

第 5 章
物体碰撞规律的研究

　　碰撞是物体与物体相互作用的普遍现象,如生活中的各种球类运动,生产制造中的敲打、撞击、打夯、锻压,微观粒子间的相互碰撞等。碰撞现象所遵循的基本物理规律是动量定理。动量定理表明一个物体动量的增量等于物体所受合外力的冲量,物体所受合外力的冲量是物体动量变化的原因。若将两个以上相互作用的物体看作一个系统,系统内物体的相互作用属于内力,此时该系统如果不受外力或所受外力的矢量和为零,则系统的总动量保持不变,这个规律称为动量守恒定律。动量守恒定律是自然界中最重要最普遍的守恒定律之一,它既适用于宏观物体,也适用于微观粒子;既适用于低速运动物体,也适用于高速运动物体。因此它被广泛应用于国防工业、航空航天、工程建设等领域的科学计算、预测和设计。

　　由碰撞所遵循的动量定理可知,用实验方法探究物体碰撞规律需要解决两个关键问题:一是需要测量合外力的大小、方向和作用持续时间;二是需要测量物体运动速度的大小和方向。本实验采用第 4 章的实验装置,用导轨将物体控制在一条直线上运动,用气垫使物体受到的阻力减小到忽略不计,用光电计时器测量物体运动速度大小;另外,选取两个滑块作为碰撞物体,放在气垫导轨上构成一个系统,由于系统内的物体相互作用属于内力,不改变系统总的动量,而系统外的合外力矢量和为零,从而使系统内物体的碰撞满足动量守恒的条件。

5.1　实　验　目　的

　　(1) 学习测量物理量的实验方案设计、装置构建思路。

（2）掌握气垫导轨的水平调整和数字计时器的使用。

（3）掌握验证弹性碰撞、非弹性碰撞实验方案设计和实现方法。

（4）掌握弹性碰撞机械能守恒的验证方法。

（5）掌握科学实验的论证方法与思路。

5.2 实 验 仪 器

实验装置与上个实验的图 4-1 气垫导轨、气源、数字计时器、滑块、U 形挡光片、砝码、电子天平等相同。在调节使用实验装置时应注意如下事项。

（1）要保证气垫导轨表面的平直度、光洁度。为了确保仪器精度，决不允许其他东西碰、划伤导轨表面，要防止碰到光电门导致轨面损坏。未通气时，不允许将滑块在导轨上来回滑动。实验完毕，应先将滑块从导轨上取下，再关闭气源。

（2）滑块的内表面经过仔细加工，并与轨面紧密配合，两者是配套使用的。实验中对滑块必须轻拿轻放，严防碰伤变形。拿滑块时，不要拿在挡光片上，以防滑块掉落摔坏。

（3）气垫导轨表面或滑块内表面必须保持清洁，如有污物，可用纱布沾少许酒精擦净。如导轨面上小气孔堵塞，可用直径小于 0.6 mm 的细钢丝钻通。

实验结束后，应该用盖布将导轨遮好。

5.3 实 验 原 理

设置于气垫导轨上做直线运动的两滑块（质点）质量分别为 m_1 和 m_2，它们相互碰撞前的初速度分别为 v_{10} 和 v_{20}，相碰后的末速度分别为 v_1 和 v_2。把两滑块看作一个系统，相互碰撞的作用力则为内力；受到系统外的作用力有重力、气垫支撑力；重力与气垫支撑力大小相等，方向相反；阻力不计，所以系统受到的合外力矢量和为零，则冲量为零，满足动量守恒定律的条件。由此可得

$$m_1 v_{10} + m_2 v_{20} = m_1 v_1 + m_2 v_2 \tag{5-1}$$

测出两滑块的质量和碰撞前后的速度,就可验证碰撞过程中动量是否守恒。对两滑块碰撞前后速度的测量可参照气垫导轨测量速度实验。本实验讨论两滑块的弹性和非弹性两种碰撞的动量、动能变化情况。

5.3.1　弹性碰撞

在两滑块的相碰端装上缓冲弹簧,并安放在水平气垫导轨上,把两滑块看作一个系统,则两滑块相碰时的作用力为内力,合外力为零,碰撞前后的动量守恒,满足式(5-1);在弹性限度内两滑块的碰撞为弹性碰撞,内力做功为零,碰撞前后的动能没有增减,两滑块组成的系统动能守恒,有

$$\frac{1}{2}m_1 v_{10}^2 + \frac{1}{2}m_2 v_{20}^2 = \frac{1}{2}m_1 v_1^2 + \frac{1}{2}m_2 v_2^2 \tag{5-2}$$

由式(5-1)和式(5-2)可得

$$v_1 = \frac{(m_1 - m_2)v_{10} + 2m_2 v_{20}}{m_1 + m_2}$$

$$v_2 = \frac{-(m_1 - m_2)v_{20} + 2m_1 v_{10}}{m_1 + m_2} \tag{5-3}$$

根据式(5-3),研究两滑块不同质量和速度时的追碰、对碰情况。更简单的情况是当两滑块中的一个碰撞前静止,如 m_2 的 $v_{20}=0$,式(5-3)可简化为

$$v_1 = \frac{(m_1 - m_2)v_{10}}{m_1 + m_2}$$

$$v_2 = \frac{2m_1 v_{10}}{m_1 + m_2} \tag{5-4}$$

(1) 若两滑块质量相等, $m_1 = m_2 = m$, 则 $v_1 = 0$, $v_2 = v_{10}$, 表明碰撞后, m_1 静止, m_2 以 m_1 的速度 v_{10} 运动,两个滑块彼此交换了速度。

(2) 若两个滑块质量不相等, $m_1 \neq m_2$, $m_1 < m_2$, 二者相碰后 m_1 将反向运动,速度为负值。如果 $m_2 \gg m_1$, 则 $v_1 \approx -v_{10}$, $v_2 = 0$, 实验时,可让滑块(m_1)和导轨有缓冲弹簧(m_2)的一头相碰。

(3) 若两个滑块质量不相等, $m_1 > m_2$, 两滑块相碰后,二者沿相同的速度方向(与 v_{10} 方向相同)运动。

5.3.2 完全非弹性碰撞

将两滑块上的缓冲弹簧换成尼龙搭扣,相碰后尼龙搭扣将两滑块粘在一起,以相同速度运动 $v_1 = v_2 = v$,相互作用时内力做了功,动能不守恒,式(5-2)不成立。但合外力为零,动量守恒,由式(5-1)得 $m_1 v_{10} + m_2 v_{20} = (m_1 + m_2)v$,碰撞后的速度为

$$v = \frac{m_1 v_{10} + m_2 v_{20}}{m_1 + m_2} \tag{5-5}$$

如果碰撞前 m_2 的 $v_{20} = 0$,则

$$v = \frac{m_1}{m_1 + m_2} v_{10} \tag{5-6}$$

式中,当 $m_1 = m_2$ 时,$v = v_{10}/2$,即两滑块扣在一起后,质量增加一倍,速度为原来的一半。

本实验根据式(5-3)~式(5-6)设计实验方案,研究物体碰撞规律。碰撞的其他情况,如非完全弹性碰撞,由读者自行分析讨论。

5.4 实 验 内 容

实验前仔细预习,弄清仪器结构、使用方法和注意事项。将光电门指针之间的距离调节为 50 cm 左右。按第 4 章实验的方法调节气垫导轨至水平。将计时器功能开关设定在"碰撞"位置。调节天平,称出两滑块的质量 m_1 和 m_2。根据式(5-3)~式(5-6),自行设计研究物体碰撞规律的实验方案。列举两例,供参考。

1) 完全非弹性碰撞的研究

(1) 在两滑块的相碰端装上尼龙搭扣,将一个滑块 m_2 放在两光电门中间,使它静止($v_{20} = 0$),将另一个滑块 m_1 放在导轨的一端,轻轻地将它推向 m_2 滑块,测量滑块 m_1 的速度 v_{10}。

(2) 两滑块相碰后,它们粘在一起以速度 v 向前运动,记录挡光片通过光电门的速度 v。

（3）按上述步骤重复数次，测量结果记入表 5-1 中。表中，$P_前 = m_1 v_{10}$ 指碰撞前系统的动量，$P_后 = (m_1 + m_2)v$ 为碰撞后系统的动量，$E = \dfrac{|P_前 - P_后|}{P_前} \times 100\%$，$\bar{E} = \dfrac{1}{5}\sum_{i=1}^{5} E$。

表 5-1　完全非弹性碰撞实验结果（质量：克；速度：厘米/秒）

m_1	v_{10}	m_2	v	$P_前$	$P_后$	$E/\%$	$\bar{E}/\%$
205	40.5	150	23.1	8 302.5	8 200.5	1.2	
205	46.5	150	26.3	9 532.5	9 336.5	2.1	
205	55.2	150	31.1	11 316.0	11 040.5	2.4	2.1
205	64.7	150	37.7	13 263.5	13 383.5	0.9	
205	50.8	150	28.5	10 414.0	10 117.5	2.8	

（4）根据表 5-1 中 m_1、m_2、v_{10}、v 的测量结果，计算碰撞前后动能是否相等。

（5）仿照上述方法，考察当 $m_1 = m_2$ 的情况。

（6）分析动量和动能在碰撞前后不相等的原因。

由表 5-1 可知，合外力为零时，完全非弹性碰撞前后系统的动量值平均相差为 2.1%，可认为完全非弹性碰撞动量守恒。

2）物体弹性碰撞的研究

（1）在两滑块的相碰端换上缓冲弹簧。当滑块相碰时，由于缓冲弹簧发生弹性形变后恢复原状，在碰撞前后，系统的机械能近似保持不变。

（2）参照"完全非弹性碰撞"的操作方法和弹性碰撞的原理。选择下列三种情况进行测量：

$m_1 = m_2$，$v_{20} = 0$，两滑块碰撞后速度互换；

$m_1 > m_2$，$v_{20} = 0$，两滑块碰撞后速度同向；

$m_1 < m_2$，$v_{20} = 0$，两滑块碰撞后速度反向。

重复数次，测量结果记入表 5-2 中。表中，$P_前 = m_1 v_{10}$ 指碰撞前系统的动量，$P_后 = m_1 v_1 + m_2 v_2$ 指碰撞后系统的动量；$E_前 = \dfrac{1}{2}m_1 v_{10}^2$ 指碰撞前系统

的动能，$E_{后} = \frac{1}{2}(m_1 v_1^2 + m_2 v_2^2)$ 指碰撞后系统的动能；$\eta_p = \frac{|P_{前} - P_{后}|}{P_{前}} \times$

100%，$\eta_E = \frac{|E_{前} - E_{后}|}{E_{前}} \times 100\%$。

表 5 - 2　物体弹性碰撞测量结果(质量：克；速度：厘米/秒)

m_1	m_2	v_{10}	v_1	v_2	$P_{前}$	$P_{后}$	$E_{前}$	$E_{后}$	$\eta_p / \%$	$\eta_E / \%$
205	150	50.5	7.8	57.4	10 352.5	10 209.0	261 400.6	253 343.1	1.4	3.1
205	150	55.8	8.5	63.2	11 439.0	11 222.5	319 148.1	306 973.6	1.9	3.8
150	405	45.8	−21.1	23.1	6 870.0	6 190.5	157 323.0	141 446.8	9.9	10.1
150	405	57.7	−26.1	31.1	8 655.0	8 680.5	249 696.8	246 950.8	0.3	1.1
150	150	48.9	−0.25	47.2	7 335.0	7 042.5	179 340.8	167 092.7	4.0	6.8

（3）由表 5 - 2 的测量结果可得弹性碰撞前后系统的动量平均相差 $\bar{\eta}_p =$ $\frac{1}{5}\sum_{i=1}^{5} \eta_p = 3.5\%$，动能平均相差 $\bar{\eta}_E = \frac{1}{5}\sum_{i=1}^{5} \eta_E = 5.0\%$。合外力为零时，可认为弹性碰撞前后系统的动量和动能守恒。

（4）动量平均相差 $\bar{\eta}_p = 3.5\%$，小于动能平均相差 $\bar{\eta}_E = 5.0\%$。

（5）仿照上述方法，考察当 $v_{20} \neq 0$ 的情况。

（6）分析碰撞前后动量和动能不相等的原因。

5.5　实验方法延伸和创新实训

上述实验中选取了合外力为零的特殊情况，对多体系统碰撞时系统动量的变化情况进行了研究。结果表明无外力作用时，在完全非弹性碰撞及弹性碰撞时，动量守恒均成立，而动能仅在弹性碰撞时守恒。为了进一步提高实验的设计能力，延伸利用该实验方法，考虑解决合外力不为零时的动量定理和动能定理的实验验证。

　　1）利用气垫导轨研究恒力作用下的动量定理

　　由牛顿第二定理可知 $F=ma$ 或 $F(t)=m\mathrm{d}v/\mathrm{d}t$，改写该式为

$$F(t)\mathrm{d}t=m\mathrm{d}v \text{ 或 } \int_{t_1}^{t_2} F(t)\mathrm{d}t=m\int_{v_1}^{v_2}\mathrm{d}v=m(v_2-v_1) \tag{5-7}$$

在恒力作用下，物体在气垫导轨上运动，则有

$$F(t_2-t_1)=m(v_2-v_1)=P_2-P_1 \tag{5-8}$$

式中，F 为物体所受合外恒力，P_2 表示物体的末动量，P_1 表示物体的初动量。设计实验方案，测量合外力、作用时间、速度，验证式(5-8)。

　　2）利用气垫导轨研究恒力作用下的动能定理

　　合外力对物体所做的功等于物体动能的改变量，称为动能定理，它的数学微分形式为 $\boldsymbol{F}\cdot\mathrm{d}\boldsymbol{s}=\mathrm{d}\boldsymbol{p}\cdot\boldsymbol{v}$，积分形式为 $\int_{S_1}^{S_2}\boldsymbol{F}\cdot\mathrm{d}\boldsymbol{s}=m\int_{v_1}^{v_2}\boldsymbol{v}\cdot\mathrm{d}\boldsymbol{v}$，当研究的物体为恒力作用下的气垫导轨上的滑块时，则

$$F(S_2-S_1)=\frac{1}{2}m(v_2^2-v_1^2)=E_2-E_1 \tag{5-9}$$

物体在合外力 F 的作用下，由初位置 S_1 移动到末位置 S_2，速度由 S_1 位置时的 v_1 增加到 S_2 位置时的 v_2，动能由 E_1 增加到 E_2。

　　设计实验方案，测量外力、物体移动的距离、速度，验证式(5-9)。

　　3）测量在气垫导轨上运动物体受到阻力的大小

　　利用式(5-8)或式(5-9)，通过测量动量或动能的变化量，求滑块受到的阻力。

第 6 章
单摆摆动规律的研究及其应用

　　物体摆动现象是生活中常见的运动现象之一,如人行走时的双手摆动、树摇动的枝叶、钟摆等。观测物体摆动现象有所发现的第一个人是伽利略,他在观察比萨教堂的吊灯摆动时,通过比较摆角和摆长发现,摆长一定的吊灯,其摆动周期不因摆角大小而变化。后来惠更斯进一步思考伽利略的这个观察结果,根据摆长一定物体摆动周期不变的规律,发明了计时更加精确的钟摆,产生了经济社会价值。单摆是具有代表性的最简单的摆动力学模型,它是由质量可忽略不计的细杆(或不可伸长的细线)和摆物(质量为 m 的小球)构成的运动系统,其中摆杆(线)上端固定,下端连接摆物。本章探索单摆产生摆动的原因、摆动的规律及其应用价值。

6.1　实　验　目　的

　　(1) 学习动力学系统的分析、数学物理微分方程的建立和求解、物体运动特性的应用。
　　(2) 掌握使用计时器、卷尺、游标卡尺测单摆的周期和摆长的方法。
　　(3) 掌握利用单摆摆长与周期的关系测量重力加速度的方法。
　　(4) 掌握间接测量误差的传递和合成方法。

6.2　实　验　仪　器

　　本实验装置如图 6 - 1,包括单摆实验仪、卷尺、游标卡尺、计时计数器、光

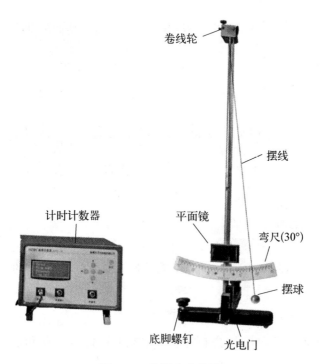

卷线轮

摆线

计时计数器

平面镜

弯尺(30°)

摆球

底脚螺钉　光电门

图 6-1　单摆实验装置

电门、停表、乒乓球等。其中单摆实验仪由支架上的卷线轮、摆线、平面镜、弯尺、光电门、摆线下方的摆球和底脚螺钉等组成。本实验采用光电门和计时计数器测量小球摆动的周期数和时间,卷线轮用于控制和调节摆线的长度,弯尺用于判断摆角的大小,平面镜用于判断支架立杆是否竖直,底脚螺钉用于调节支架立杆竖直。

6.3　实　验　原　理

1) 无阻力的单摆摆动规律

设图 6-1 中小球的质量为 m,其质心到摆线固定点的距离为 l(摆长),如图 6-2 所示。如果不考虑空气阻力,研究对象小球受到重力和摆线的拉力,运动轨迹是以 l 为半径的一段圆弧。将重力分解为沿摆线和垂直摆线的切向两个分力,则摆线对小球的拉力为 $T = mg\cos\theta + mv^2/l$,式中 θ 为摆角,v 为切向速度。作用在小球上的切向力的大小为 $mg\sin\theta$,它总是指向平衡位置,称

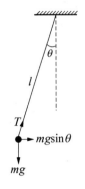

图6-2 无阻尼小球受力图

为回复力。根据牛顿第二定律,切向的动力方程为

$$mg\sin\theta = -ma_t \tag{6-1}$$

式中,负号表示合外力 $mg\sin\theta$ 方向与切向加速度 a_t 方向相反。小球的切向加速度 $a_t = l\dfrac{d^2\theta}{dt^2}$,当摆角 $\theta < 5°$,则 $\sin\theta \approx \theta$,切向力的大小为 $mg\theta$,代入式(6-1),得

$$\frac{d^2\theta}{dt^2} + \omega^2\theta = 0 \tag{6-2}$$

式中 $\omega = \sqrt{\dfrac{g}{l}}$,式(6-2)是二阶常系数线性齐次微分方程,它的周期解为

$$\theta = \theta_0\sin(\omega t + \varphi_0) \tag{6-3}$$

式中, θ_0 为最大摆角, φ_0 为初相位,由摆球的起始位置和边界条件决定。式(6-3)反映了小球以角频率 ω 做周期性摆动,是简谐振动。根据角频率与周期的关系 $\sqrt{\dfrac{g}{l}} = \dfrac{2\pi}{T}$,有

$$g = 4\pi^2\frac{l}{T^2} \tag{6-4}$$

式(6-4)表明通过测量单摆的摆长 l 及对应的周期 T,可间接测量重力加速度 g。由于测量一个周期的相对误差较大,所以必须测量小球连续摆动 n 个周期的时间 t,代入式(6-4),得

$$g = 4\pi^2\frac{n^2 l}{t^2} \tag{6-5}$$

分析式(6-5)可知, g 的测量误差来源于摆长 l 和时间 t 的测量误差, π 是常数,周期个数 n 也可以认为是常数,把 g 看作是 t、 l 的函数,求全微分可得

$$dg = \frac{4\pi^2 n^2}{t^2}dl + \frac{-8\pi^2 n^2 l}{t^3}dt \tag{6-6}$$

根据误差就大估算原则,取绝对值

$$dg = \left| \frac{4\pi^2 n^2}{t^2} dl \right| + \left| \frac{-8\pi^2 n^2 l}{t^3} dt \right| \tag{6-7}$$

或用

$$dg = \sqrt{\left(\frac{4\pi^2 n^2}{t^2} dl \right)^2 + \left(\frac{-8\pi^2 n^2 l}{t^3} dt \right)^2} \tag{6-8}$$

式(6-7)的两边分别除以式(6-5)的两边,可得

$$\frac{dg}{g} = \left| \frac{dl}{l} \right| + \left| \frac{2dt}{t} \right| \tag{6-9}$$

物理量的误差相对于物理量本身是个小量,因此可将微分改成误差,由式(6-9)得 g 的相对误差传递合成关系为

$$\frac{\Delta g}{g} = \left| \frac{\Delta l}{l} \right| + \left| \frac{2\Delta t}{t} \right| \tag{6-10}$$

由此可知在 $|\Delta l|$ 与 $|\Delta t|$ 一定的情况下,增大 l 和 t 可减小 g 的误差。由式(6-10)可得 g 的绝对误差传递合成关系为

$$\Delta g = \left(\left| \frac{\Delta l}{l} \right| + \left| \frac{2\Delta t}{t} \right| \right) g \tag{6-11}$$

2) 有阻力的单摆摆动规律

如果考虑图 6-1 中的摆球所受阻力,如图 6-3 所示,在摆动的过程中,设阻力与切向速度一次方成正比,方向相反,则阻力 $f = -\gamma v$,式中 γ 为阻力系数,负号表示阻力与速度方向相反。利用切向线速度与角速度的关系 $v = l \dfrac{d\theta}{dt}$,切向线加速度与角加速度的关系 $a_t = l \dfrac{d^2\theta}{dt^2}$,根据牛顿第二定律,切向的动力学方程为

$$mg \sin\theta + \gamma l \frac{d\theta}{dt} = -ml \frac{d^2\theta}{dt^2} \tag{6-12}$$

当摆角 $\theta < 5°$,则 $\sin\theta \approx \theta$,式(6-12)改写为

$$ml \frac{d^2\theta}{dt^2} + \gamma l \frac{d\theta}{dt} + mg\theta = 0 \tag{6-13}$$

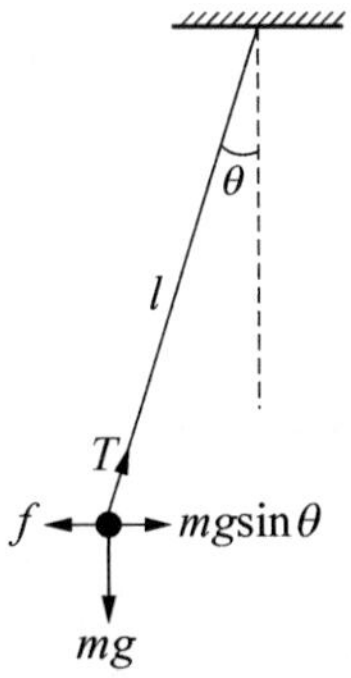

图 6-3　摆球阻尼运动

引入中间变量 $\beta = \dfrac{\gamma}{m}$，$\omega_0 = \dfrac{g}{l}$，式(6-13)同除以 ml，可得小球受到阻力时动力学方程

$$\frac{\mathrm{d}^2\theta}{\mathrm{d}t^2} + \beta \frac{\mathrm{d}\theta}{\mathrm{d}t} + \omega_0\theta = 0 \tag{6-14}$$

其通解为

$$\theta = \mathrm{e}^{-\frac{\beta t}{2}}\left(c_1\mathrm{e}^{\frac{\sqrt{\beta^2 - 4\omega_0}}{2}t} + c_2\mathrm{e}^{-\frac{\sqrt{\beta^2 - 4\omega_0}}{2}t}\right) \tag{6-15}$$

式(6-15)的 $\sqrt{\beta^2 - 4\omega_0} = \sqrt{\left(\dfrac{\gamma}{m}\right)^2 - 4\dfrac{g}{l}} = \sqrt{\dfrac{l\gamma^2 - 4gm^2}{ml}}$，包含 4 个物理量，它们不同的取值对应小球 4 种摆动规律。

过阻尼：$\beta^2 - 4\omega_0 > 0$ 即 $l\gamma^2 - 4gm^2 > 0$；

临界阻尼：$\beta^2 - 4\omega_0 = 0$ 即 $l\gamma^2 - 4gm^2 = 0$；

欠阻尼：$\beta^2 - 4\omega_0 < 0$ 即 $l\gamma^2 - 4gm^2 < 0$；

无阻尼：$\gamma = 0$。

对于无阻尼 $\gamma = 0$，已在上述"1)无阻力的单摆摆动规律"中讨论。过阻尼和临界阻尼的情况，留给读者自己分析和实现。下面仅讨论欠阻尼 $\beta^2 - 4\omega_0 < 0$ 的情况，此时 $\sqrt{\beta^2 - 4\omega_0}$ 是虚数，式(6-14)的指数解式(6-15)用欧拉公式改为周期解，并取常数 $c_1 = c_2 = \theta_0/2$，可得

$$\theta = \theta_0\mathrm{e}^{-\frac{\beta t}{2}}\cos\left(\frac{1}{2}\sqrt{-(\beta^2 - 4\omega_0)}\,t\right) \tag{6-16}$$

由式(6-16)可知，摆动的角频率 $\omega = \dfrac{1}{2}\sqrt{-(\beta^2 - 4\omega_0)} = \dfrac{2\pi}{T}$，则摆动的周期为

$$T = \frac{4\pi}{\sqrt{-(\beta^2 - 4\omega_0)}} = 4\pi m\sqrt{\frac{l}{4gm^2 - l\gamma^2}} \tag{6-17}$$

式(6-16)的 θ 对 t 求一阶导数，得角速度

$$\frac{\mathrm{d}\theta}{\mathrm{d}t} = -\frac{\theta_0}{2}\mathrm{e}^{-\frac{\beta t}{2}}\left[\begin{array}{l}\beta\cos\left(\dfrac{1}{2}\sqrt{-(\beta^2 - 4\omega_0)}\,t + \varphi\right) + \\[2mm] \sqrt{-(\beta^2 - 4\omega_0)}\sin\left(\dfrac{1}{2}\sqrt{-(\beta^2 - 4\omega_0)}\,t + \varphi\right)\end{array}\right] \tag{6-18}$$

以式(6 - 16)决定的小球摆角为横坐标,以式(6 - 18)决定的角速度为纵坐标,可得如图 6 - 4 所示的相轨图。该图表明:① 相轨线逐渐收缩,最终回归到原点,小球静止在平衡位置。② 从相轨线可看出小球摆角极大时,角速度为零;角速度极大时,摆角为零。式(6 - 16)表明,阻尼越大,β 越大,小球摆幅极大值衰减越快;β 越小,衰减越慢;角度和角速度的极大值均按 $e^{-\beta t}$ 减小。

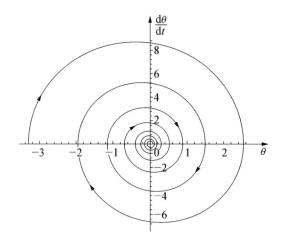

图 6 - 4　小球做欠阻尼摆动的相轨图

6.4　实　验　内　容

1) 单摆实验装置的安装和调节

(1) 按图 6 - 1 组装单摆实验仪。移动平面反射镜上下位置和方向,以方便观察;调节控制支架立柱前后的底脚螺钉,目测支架立柱是否与摆线自然竖直状态时平行,然后继续调节控制支架立柱左右的底脚螺钉,观察单摆悬线、反射镜上的竖直刻线、单摆悬线在平面中所成的像,如三线重合,则支架立柱竖直。

(2) 调节标尺的上下位置,为使标尺的角度值能准确描述摆角的大小,标尺中心到摆线固定点之间的距离 y 必须满足:

$$y = \frac{\overset{\frown}{AB}}{\pi \theta} \times 180° \tag{6 - 19}$$

式中，θ 为标尺的角度数，而 $\overset{\frown}{AB}$ 是标尺上与 θ 相对应的弧长，可用卷尺测量。例如测量标尺上左右各为 5°之间的距离 $\overset{\frown}{AB}$，代入式(6-19)计算得到 y 的值，根据此值将标尺移到距摆线固定点不小于 y 的位置，固定好标尺。

（3）测量摆长 l 时，要加上摆球的半径。小球摆动的最大幅度控制在小于摆长的 1/12，即摆角 $\theta < 5°$。

（4）连接光电门，按光电计时计数器的使用说明，将光电门与计时计数器的输入端口相连，选择测量周期的功能，设定连续测量周期的个数。

（5）如果用秒表测量周期，将摆球拉离平衡位置($\theta < 5°$)，摆动稳定后，当摆球经过平衡位置，即小球运动到最低点开始计时，计数时手跟随小球做相应的移动，防止数错周期个数。

2）单摆法测量重力加速度

在上述基础上，调节卷线轮，改变摆线长度在 100 cm 左右，使摆球离开平衡位置($\theta < 5°$)，待摆动稳定后，测量摆球摆动 20 个周期的时间，结果记入表 6-1 中。

表 6-1   单摆法测重力加速度

测量次数	摆长 l /cm	周期 T /s	重力加速度 g /m·s^{-2}
1			
2			
3			
4			
5			
平均值			
绝对误差			

表 6-1 中，摆长、周期、重力加速度的绝对误差计算可以依据以下表达式进行：

$$\Delta l = \frac{|\bar{l} - l_1| + |\bar{l} - l_2| + \cdots + |\bar{l} - l_n|}{n};$$

$$\Delta T = \frac{|\ \overline{T} - T_1\ | + |\ \overline{T} - T_2\ | + \cdots + |\ |\ \overline{T} - T_n\ |\ |}{n}\ ;\ \Delta g = \left(\left|\frac{\Delta l}{l}\right| + \left|\frac{2\Delta t}{t}\right|\right)g$$

重力加速度测量结果写成 $g \pm \Delta g$ 的格式。

3）研究摆长与周期的关系

（1）改写式(6-4)和式(6-5)，得

$$T^2 = \frac{4\pi^2}{g}l,\ \text{或}\ t^2 = \frac{4\pi^2 n^2}{g}l \tag{6-20}$$

测量摆角 $\theta < 5°$ 时，摆长为 l 的摆球连续摆动 n 个周期的时间，再求一个周期的平方。然后依次通过卷线轮改变摆长，测出对应的周期，结果记入表 6-2 中。

表 6-2　研究摆长与周期的关系

测量次数	l /cm	t/s	$T = (t/n)$ /s	T^2/s^2	g/m·s^{-2}
1					
2					
3					
4					
5					

（2）以摆长 l 为横坐标，周期的平方 T^2 为纵坐标，作图，分析 l-T^2 的线性关系。在直线上取两点，计算斜率，根据直线斜率求重力加速度 g。

（3）采用线性回归法求直线方程。打开计算器，点击 MODE 模式，选择 3REG，进入回归计算功能 1LIN，输入函数式 $l = \frac{g}{4\pi^2}T^2$，求 l 与 T^2 的线性关系式 $y = ax + b$ 中的 a、b，样本协方差 $\dfrac{\sum xy - n\,\overline{x}\,\overline{y}}{n-1}$。其中 $a = \dfrac{g}{4\pi^2}$，由此可解得 g。

4）研究阻力对周期的影响

由式(6-17)可知阻力系数 γ 的存在使摆动周期减小。通过增大小球的体

积如改用乒乓球,或增大摆线的直径,可使 γ 增大。对于欠阻尼情况须满足 $\beta^2 - 4\omega_0 < 0$,即 $l\gamma^2 - 4gm^2 < 0$,可见减小摆长或增大质量,能实现欠阻尼运动,请读者自行设计实验方案,加以验证,探索决定阻尼运动的因素和对周期的影响。

6.5 实验方法延伸和创新实训

(1) 实验方法应用延伸实训:设计制作摆动周期 $T = 1$ s 的单摆。先将式(6-4)改写为 $l = \dfrac{g}{4\pi^2} T^2$,计算摆长的理论值,考虑到摆球的形状、大小、质量和能量损耗,实际摆长应略小于理论值,通过实验探索小多少。

(2) 实验装置改进实训:设计制作过阻尼的单摆,根据 $l\gamma^2 - 4gm^2 > 0$,通过实验自己探索摆长、摆体、质量等的选取。

(3) 实验装置改进实训:设计制作临界过阻尼的单摆,根据 $l\gamma^2 - 4gm^2 = 0$,通过实验自己探索摆长、摆体、质量等的选取。

(4) 问题延伸思考:单摆法测量重力加速度,一是做了角度 $\sin\theta \approx \theta$ 的近似,二是忽略了阻力的影响,通过实验创新一种修正实验结果的方法。

(5) 实验方法创新实训:自制单摆实验装置,创新一种测量阻尼系数的方案。

第7章
惯性秤的研究及测量惯性质量

在日常生活中,我们对质量和重量是不加区分的,在物理学中,质量和重量是两个完全不同的概念,且质量有惯性质量和引力质量的区别。在牛顿第二定律中物体的质量反映物体惯性的大小,称为惯性质量;在牛顿万有引力定律中的质量反映物体相互吸引的性质,称为引力质量。惯性质量和引力质量是不同的物理量。在经典物理中,认为惯性质量和引力质量相等,用引力质量表征惯性质量,在计算时可以互相代替。常用的杠杆秤、天平和电子秤是根据物体处于相对静止时的平衡原理称量物体的质量的,只能测得物体的引力质量;如果秤和待测物体的运动状态是变化的,就无法使用杠杆秤、天平和电子秤测得物体的惯性质量。本实验将探讨测量物体惯性质量的惯性秤的结构和使用方法。

7.1 实 验 目 的

(1) 学习惯性秤实验装置的力学分析、动力学方程的建立和求解。
(2) 学习惯性秤实验装置的设计和制作。
(3) 掌握惯性秤实验装置的应用,测定物体的惯性质量。
(4) 掌握惯性秤的定标方法。
(5) 研究重力对惯性秤摆动周期的影响。
(6) 研究惯性秤的线性测量范围。

7.2 仪 器 和 用 具

惯性秤实验装置如图 7-1 所示,包括惯性秤、计时计数器、光电门、定标用标准质量块和待测圆柱体。其中惯性秤由支架、弹性钢片、载物台、水平调节旋钮、升降旋钮、挡光片、挂钩等组成。载物台固定在由两根相同的弹性钢片组成的秤臂上,弹性钢片固定在支架上。当载物台偏离平衡位置时,弹性钢片提供的弹力带动载物台恢复平衡位置,其受力情况见 7.3 节图 7-2,载物台在弹力的作用下,将弹性钢片限制在 β 平面内摆动。升降旋钮用于调节 β 平面的高度和角度,惯性秤定标或测量物体质量时,要将 β 平面调节成水平,与竖直平面 α 垂直。载物台用于安放标准质量块或待测物体。挂钩用于悬挂物体,研究重力对摆动周期的影响。

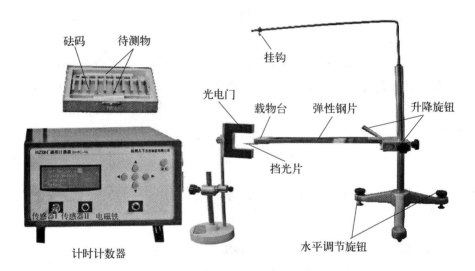

图 7-1 惯性秤实验装置

7.3 实 验 原 理

设惯性秤中运动的弹性钢片和载物台组合成系统 A,它们的质量折合为

m_0,如图 7-2 中的 A 所示,重力 $G = m_0 g$,当
平面 α 与 β 垂直时,G 对 A 的运动没有贡献;A
受到弹力 $F = -kx$,k 为两根弹性钢片的劲度
系数,x 为 A 偏离平衡位置的距离,与平衡位
置的夹角 θ 和弹性钢片的长度 L 的关系为 $x = L\sin\theta$。 如果考虑空气阻力 f,由于 A 运动的
速度 v 不大,可认为 $f = -\lambda v$,λ 为空气阻力
系数,$v = \dfrac{\mathrm{d}x}{\mathrm{d}t}$。

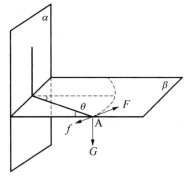

图 7-2 惯性秤 A 受力情况

根据牛顿第二定律可得

$$(m_0 + m_i)\frac{\mathrm{d}^2 x}{\mathrm{d}t^2} = -kx - \lambda\frac{\mathrm{d}x}{\mathrm{d}t} \tag{7-1}$$

式(7-1)中,m_0 为秤台空载时的质量,m_i 为秤台载物时所加质量。考虑到 θ
角度很小,可近似认为 $\sin\theta \approx \theta$,则 $x = L\sin\theta = L\theta$,式(7-1)可改写为用角度
描述的二阶线性非齐次常微分方程

$$(m_0 + m_i)\frac{\mathrm{d}^2\theta}{\mathrm{d}t^2} + \lambda\frac{\mathrm{d}\theta}{\mathrm{d}t} + k\theta = 0 \tag{7-2}$$

它的解为

$$\theta(t) = \theta_0 \mathrm{e}^{-\frac{1}{2}\frac{\lambda t}{m_0 + m_i}}\cos\left[\frac{1}{2}\frac{\sqrt{4k(m_0 + m_i) - \lambda^2}}{m_0 + m_i}t + \phi\right] \tag{7-3}$$

式(7-3)中,θ_0 为初始最大角度、ϕ 为初相位,它们由初始条件决定。
式(7-3)表明摆动体 A 的摆幅随时间 t 的增加而减小。$t \to \infty$ 时,摆幅衰减至
零(摆动停止)。衰减的快慢取决于空气阻力系数 λ;摆动体 A 的摆动角频率
为 $\omega = \dfrac{1}{2}\dfrac{\sqrt{4k(m_0 + m_i) - \lambda^2}}{m_0 + m_i} = \dfrac{2\pi}{T}$,所以摆动周期为

$$T = 4\pi\sqrt{\frac{(m_0 + m_i)^2}{4k(m_0 + m_i) - \lambda^2}} \tag{7-4}$$

由式(7-4)可知,$\lambda \neq 0$ 时摆动方式为阻尼摆动,阻力使周期增大,是最大摆幅

逐渐减小的周期摆动。如果 $\lambda = 0$，则为无阻尼摆动，是最大摆幅不变的周期摆动，由式(7-4)可得其周期为

$$T = 2\pi \sqrt{\frac{(m_0 + m_i)}{k}} \tag{7-5}$$

将式(7-5)两侧平方，改写成

$$T^2 = \frac{4\pi^2}{k} m_0 + \frac{4\pi^2}{k} m_i \tag{7-6}$$

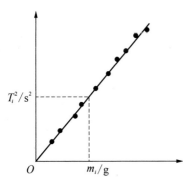

式(7-6)表明，惯性秤水平振动周期 T 的平方与称量附加质量 m_i 成线性关系。当测出各已知附加质量 m_i 所对应的周期值 T_i 时，可作 $T^2 - m$ 直线图，就是该惯性秤的定标直线，如图7-3所示。如需测量某物体的质量时，可将其置于惯性秤的秤台上，测量周期 T_i，就可从定标线上查出 T_i^2 对应的质量 m_i，即为被测物体质量。

图 7-3　惯性秤的定标直线

惯性秤称衡质量是基于牛顿第二定律，通过测量周期求得质量值；而天平称衡质量是基于杠杆平衡原理和万有引力定律，通过比较重力矩求得质量值。在失重状态下，无法用天平进行称衡，而惯性秤仍可使用，这是惯性秤的优点。

7.4　实 验 内 容

1) 惯性秤的水平和计时调节

按图7-1安装实验装置，将水平仪放置在弹性钢片和载物台组合系统 A 上，调节系统 A 的摆放角度和底脚螺钉，直至系统 A 水平，再调节光电门高度和位置使挡光片处于光电门中央。将光电门与计时计数器输入端口相连，调节计时计数器，选择测量周期功能，设定测定周期个数 n。

2) 惯性秤的定标

(1) 选择计时计数器测量周期功能，设定连续测定周期个数为 n，将秤台

拉离平衡位置,偏转 5°左右,摆动稳定后,开始测量周期。然后将质量已知的质量块 m_i 逐一插入载物台 A 中,测出对应的 n 个周期的时间 nT_i,将结果记入表 7 - 1 中。

表 7 - 1　惯性秤的定标

m_i /g	m_0	m_0+m	m_0+2m	m_0+3m	m_0+4m	...	m_0+9m	m_0+10m
nT_i/s						...		
T_i/s						...		
T_i^2/s^2						...		

(2) 根据表 7 - 1 中的测量结果,以质量块 m_i 为横坐标,以对应周期 T_i^2 为纵坐标,作定标直线 T_i^2 - m_i,如图 7 - 3;或用直线回归法,求线性拟合式 $T^2 = a + bm$ 的参数 a、b 值。

3) 测量待测物体的惯性质量

从秤台上取下所有质量块,将待测物体置于秤台中间的孔中,偏转摆动后测对应的振动周期 T_i;在图 7 - 3 的纵坐标上找到 T_i^2 的位置,过该点作与横坐标平行的线,与定标直线相交于 B;过该交点 B 作与纵坐标平行的线,与横坐标相交于 C;该交点 C 所对应的横坐标值即为待测物体的惯性质量 m_i。或将所测 T_i^2 代入直线方程 $T^2 = a + bm$,求 m 的值。

4) 考查重力对惯性秤的影响

(1) 在上述 α 平面与 β 平面垂直的情况下,将待测圆柱体安在秤的圆孔中,通过细线悬挂圆柱体在挂钩上,此时圆柱体的重量由吊线承担。当秤台摆动时,带动圆柱体一起摆动,测其对应周期。将此周期值和前面测定的不悬挂的周期值进行比较,说明两者周期不同的原因。

(2) 改变 α 平面与 β 平面的夹角,使两平面相互平行,秤台在上,使秤在铅直面内左右振动,测量圆柱体的摆动周期。将其和惯性秤在水平方向的周期值进行比较,说明周期变小的原因。

(3) 改变 α 平面与 β 平面的夹角,使两平面相互平行,秤台在下,使秤在铅直面内左右振动,测量圆柱体的摆动周期。将其和惯性秤在水平方向的周期值进行比较,说明周期变大的原因。

5) 研究惯性秤的线性测量范围

T^2 与 m 保持线性关系所对应的质量变化区域称为惯性秤的线性测量范围。由式(7-6)可知,只有在悬臂水平、劲度系数保持为常数时线性关系才成立,当惯性秤上所加质量太大时,悬臂将发生弯曲,k 值也将有明显变化,T^2 与 m 的线性关系自然受到破坏。分析实验结果,确定质量增大到多大时,所用惯性秤出现明显的非线性变化,从而确定惯性秤的线性测量范围。

7.5　实验方法延伸和创新实训

(1) 横向比较法发现问题:将惯性秤与单摆进行比较,根据式(7-4)探索阻力对周期的影响,寻找导致惯性秤摆动最大幅度衰减比单摆快的因素。

(2) 问题的纵向延伸:当 α 平面与 β 平面的夹角为 φ 时,研究推导 $0 \leqslant \varphi \leqslant 180°$ 范围内任意角度系统 A 的动力学方程,并求解该方程,根据方程解探索重力对周期的影响。

(3) 延伸式(7-6),研究惯性秤的灵敏度 $\dfrac{\mathrm{d}T}{\mathrm{d}m_i}$ 与哪些因素有关,并设计实验方案证明之。

(4) 创新实验装置:选用钢锯条作为惯性秤的弹性臂,将自制的载物平台固定在钢锯条上,制作一台新的惯性秤。

(5) 创新测量惯性质量的新方法:在气垫导轨的滑块上加待测物体,通过测量加速度和拉力,测量物体的惯性质量。

(6) 创新测量惯性质量的新方法:在弹簧上加待测物体,根据弹簧振子做简谐振动的周期,测量物体的惯性质量。

第 8 章
复摆的研究与应用

　　单摆实验中的摆球、牛顿定律验证和碰撞实验中的物体均被视为质点,如果把物体视为质点,物体惯性的大小、运动状态改变的难易程度,就唯一地由质量大小决定,而与物体的形状和质量分布无关。然而,物体转动时,惯性大小不仅与质量大小有关,而且与物体的形状、质量分布和转轴有关。例如,在冰上做旋转动作的运动员,同为一个人,质量大小不变,但当在相同的转动力矩作用下,若伸展四肢,人体质量分布相对转轴的距离增大,惯性增大,则旋转的角速度减小;若收缩四肢,人体质量分布相对转轴的距离减小,惯性减小,则旋转的角速度增大。又如,为了使机器转速稳定,克服外界因素的干扰,可以通过改变机器转轮的质量分布或增加一个质量较大的飞轮提高转动惯性,这是因为机器的转动惯性越大,外界力矩就越难改变机器转动的状态。

　　这种描述物体转动时惯性大小的物理量称为转动惯量,是刚体力学中的一个重要物理量。对于几何形状简单、质量连续且分布均匀的刚体,如圆柱、圆环、圆盘、细棒、球体等,对转轴的转动惯量可根据 $I = \sum_i m_i r_i^2$ 计算。但是,在工程实际应用中,我们常常需要用到形状复杂且质量分布不均匀的刚体,例如机械部件、电动机转子和枪炮的弹丸等,其转动惯量的理论计算极为困难,因此常通过实验方法来测定这类刚体转动惯量的大小。

　　在力学实验中,测量转动惯量的装置有复摆、双线摆、三线摆、扭摆等。其中复摆是测量转动惯量的一种简单易行的实验装置,如图 8-1 所示,由摆体(棒状刚体)、摆锤(安放在摆体上)和悬挂摆体的固定转轴组成。摆体在摆动过程中,只受重力和转轴的反作用力,而重力矩起着回复力矩的作用,使摆杆做往复的周期摆动。本实验研究复摆的摆动规律,探讨测量转动惯量的一种方法。

8.1 实 验 目 的

(1) 学习用刚体转动定律解决实际物理问题。

(2) 掌握复摆的结构、功能及动力学模型。

(3) 掌握用复摆法测量转动惯量、重力加速度和回旋半径,并验证平行轴定理。

(4) 探索质量分布和转轴位置对物体转动惯量的影响。

8.2 实 验 仪 器

复摆实验装置如图 8-1 所示,由底座、调平旋钮、摆杆、摆锤、刀口、光电门、挡光片、计时计数器组成。将质量为 m 的摆杆拉离平衡位置,偏转 θ 角,摆

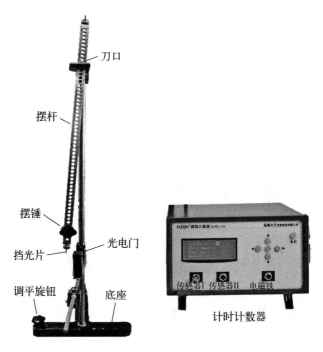

刀口

摆杆

摆锤

挡光片   光电门

调平旋钮   底座

计时计数器

图 8-1 复摆实验装置

杆在重力矩的作用下做左右摆动。摆动的快慢取决于摆动体的质量、质量分布、刀口（转轴）到质心的距离。计时计数器与光电门连接用以测量摆动次数 n 和周期 T。移动摆锤位置以改变摆杆的质量分布。底座的调平旋钮用于调节支杆竖直。

8.3 实 验 原 理

设转轴位置（刀口）为 O，如图 8-2 所示，摆动体的质心为 C，到转轴的距离为 h；摆动体绕固定的水平轴 O 在重力 G 的分力大小 $F = mg\sin\theta$ 作用下做微小左右摆动，θ 为摆动角度。若忽略阻力影响，刚体所受合外力矩为重力矩，与角位移方向相反，即 $M = -mgh\sin\theta$，若 θ 小于 5°，可认为 $\sin\theta = \theta$，则

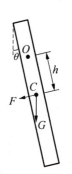

$$M = -mgh\theta \qquad (8-1)$$

由刚体转动定律知，合外力矩等于转动惯量与转动角加速度之积，即

$$M = I\frac{\mathrm{d}^2\theta}{\mathrm{d}t^2} \qquad (8-2)$$

图 8-2 复摆转动示意图

式中，I 为该物体绕定轴 O 的转动惯量。由式（8-1）和式（8-2）可得

$$\frac{\mathrm{d}^2\theta}{\mathrm{d}t^2} + \frac{mgh}{I}\theta = 0 \qquad (8-3)$$

式（8-3）为二阶常系数微分方程，它的解为

$$\theta = A\cos(\omega t + \phi) \qquad (8-4)$$

式中，角频率 $\omega = \sqrt{\dfrac{mgh}{I}} = \dfrac{2\pi}{T}$。由此可知复摆在平衡位置做小角度的简谐摆动，摆动周期为

$$T = 2\pi\sqrt{\frac{I}{mgh}} \qquad (8-5)$$

应用复摆式(8-5)的摆动规律,可以测量重力加速度、回旋半径、刚体的转动惯量,验证平行轴定理。

1) 测量刚体的转动惯量

将式(8-5)平方,改写为

$$I = \frac{mgh}{4\pi^2} T^2 \qquad (8-6)$$

式(8-6)表明,刚体的转动惯量由质量 m、质心 C 到转轴 O 的距离 h、摆动周期 T 决定。对于同一刚体,不同的转轴距离 h,转动惯量不等。利用式(8-6)可测量摆杆的转动惯量,研究周期与转轴的关系。

如果将质量为 m_x 的待测物体固定在摆杆上,测出对应组合体质心到转轴的距离 h_x 和周期 T_x,根据式(8-6)可求得系统总的转动惯量

$$I = \frac{(m + m_x)gh_x}{4\pi^2} T_x^2 \qquad (8-7)$$

式(8-7)减去式(8-6)的差值,为质量 m_x 的待测物体质心绕转轴 O 的转动惯量

$$\Delta I = \frac{(m + m_x)gh_x}{4\pi^2} T_x^2 - \frac{mgh}{4\pi^2} T^2 \qquad (8-8)$$

用式(8-6)~式(8-8)测量转动惯量,均需确定刚体的质心位置。

2) 测量刚体绕质心轴的转动惯量和验证平行轴定理

由式(8-5)可知,当 $h=0$ 时,摆动周期无穷大,所以不能通过式(8-6)测量刚体绕质心轴的转动惯量。设 I_C 为转轴过质心且与 O 轴平行时的转动惯量,根据平行轴定理可知转轴离质心为 h 时的转动惯量

$$I = I_C + mh^2 \qquad (8-9)$$

代入式(8-6),得

$$I_C + mh^2 = \frac{mgh}{4\pi^2} T^2 \qquad (8-10)$$

对于同一刚体,$I_C = mR^2$ 是不变的,R 称为回旋半径,因此给定一个转轴到质心的距离 h_i,测量对应刚体摆动周期 T_i,可测得绕质心轴转动的转动惯量

$$I_C = \frac{mgh_i}{4\pi^2} T_i^2 - mh_i^2 \qquad (8-11)$$

式(8-10)的左边是平行轴定理的结果,而右边是转动定理的结果。通过实验可以验证这两者是否相同,只需取不同转轴到质心的距离 h_i 的值,测量对应的摆动周期 $T_i(i=1,2,3,\cdots,n)$,分别代入式(8-10)的左边和右边,计算 $I_C + mh_i^2$ 和 $\frac{mgh_i}{4\pi^2} T_i^2$ 的值,并比较它们的大小,从而验证平行轴定理。

3) 测量重力加速度和回旋半径

利用 $I_C = mR^2$ 改写式(8-10),得

$$hT^2 = \frac{4\pi^2 R^2}{g} + \frac{4\pi^2}{g} h^2 \qquad (8-12)$$

设

$$y = hT^2, \ a = \frac{4\pi^2 R^2}{g}, \ k = \frac{4\pi^2}{g}, \ x = h^2 \qquad (8-13)$$

将式(8-12)改为一直线方程

$$y = a + kx$$

取质心到不同转轴的距离 h_i,测量对应的摆动周期 $T_i(i=1,2,3,\cdots,n)$,代入式(8-13),计算 x、y 的值,作直线图。在图上求斜率 k 和截距 a,代入式(8-13)求重力加速度 g 和回旋半径 R。

8.4　实　验　内　容

1) 测量刚体的转动惯量

(1) 按图 8-1 安装复摆实验装置,旋转调节旋钮,使支架处于竖直状态;将摆杆固定在刀口上,使之能自由摆动;调节光电门的位置高低,使挡光片能起到挡光作用。调节计时计数器,选择测量周期功能,设定连续测量周期个数 n。

(2) 测量摆杆的转动惯量。测量摆杆的质心位置 C、质量 m、质心到转轴 O(刀口)的距离 h;将摆杆拉离平衡位置,观察摆杆的摆动情况,要求摆杆在同

一平面内摆动,而无晃动。当摆动稳定后,按下计时计数器,开始计时计数,测量连续摆动 n 个周期的总时间 t_n,求一个周期的时间 $T = \dfrac{t_n}{n}$。将结果记入表 8-1 中。根据式(8-6)求摆杆绕转轴 O 的转动惯量 I。

(3) 测量待测物体摆锤的转动惯量。将待测物体摆锤安装在摆杆上,测量摆杆和摆锤总的质量 m_x、质心位置 C_x、质心到转轴 O(刀口)的距离 h_x;当摆动稳定后,按下计时计数器,测量连续摆动 n 个周期的总时间 t_n。将测量结果的原始数据一并记入表 8-1 中。根据式(8-8)求摆锤绕转轴 O 的转动惯量 ΔI。

表 8-1　测量刚体的转动惯量

测量对象	物　理　量				
	m/g	h/cm	t/s	T/s	$I/\text{g} \cdot \text{cm}^2$
摆　杆					
摆杆和摆锤					
摆　锤					

2) 测量回旋半径、重力加速度和验证平行轴定理

测量摆杆的质心位置 C、质量 m、转轴到质心的距离 h_i;将摆杆拉离平衡位置,当摆动稳定后,按下计时计数器,测量连续摆动 n 个周期的时间 t_n,计算一个周期的时间 T_i。将结果记入表 8-2 中。

(1) 计算回旋半径、重力加速度。根据式(8-13)计算 x、y 的值,并作测量结果直线图。在直线上取两点求直线斜率 k 和截距 a。根据 k 的值求重力加速度 $g = \dfrac{4\pi^2}{k}$;根据 a 和 g 的值求回旋半径 $R = \dfrac{\sqrt{ag}}{2\pi}$;再根据 R 的值计算刚体绕质心轴转动的转动惯量 $I_C = mR^2$。

(2) 验证平行轴定理。根据式(8-9),计算平行轴定理得到的实验结果 $I_{平} = I_C + mh_i^2$;根据式(8-6)计算转动定理得到的实验结果 $I_{转} = \dfrac{mgh_i}{4\pi^2}T_i^2$。比较计算结果 $I_{平}/I_{转}$,验证平行轴定理。将计算结果一并填入表 8-2 中。

表 8 - 2 测量回旋半径、重力加速度和验证平行轴定理

h_i /cm	t_n/s	T_i/s	$x = h_i^2$	$y = h_i T_i^2$	$I_平$	$I_转$	$I_平 / I_转$

8.5 实验方法延伸和创新实训

(1) 横向比较,寻找关系:将复摆的式(8-6) $I = \dfrac{mgh}{4\pi^2} T^2$ 与单摆的 $l = \dfrac{g}{4\pi^2} T^2$ 进行比对,分析使复摆退化为单摆的途径,用实验的方法探讨复摆的周期与单摆的周期相等时应满足的条件和实现方法。

(2) 理论延伸:本实验从理论出发,没有考虑阻力矩对摆体的作用。实际上存在阻力矩,请建立摆体受到阻力矩时的动力学方程,并求方程的解,用解说明阻力对摆动周期的影响。

(3) 实验装置创新:本实验的摆体是金属,请选取一根非金属棒状物体作为摆体进行试验,寻找减小阻力矩的方法,探索摆体的材料和结构对摆动的影响。

(4) 测量范围延伸:本实验是测量摆角小于 5°时的摆动周期,探索摆角从 5°开始,每增加 5°~10°测量一次摆动周期的大小,直至增大到 90°。用作图法描述摆角与周期的变化关系。

(5) 复摆实验装置的功能延伸:本实验介绍了用复摆测量转动惯量和验证平行轴定理,请延伸应用复摆,探索质量一定时,通过移动摆锤在摆体上的位置改变质量分布,测量其周期及转动惯量的变化;探索质量一定时,增加物体的惯性和减小惯性的方法及其可能的实际应用价值。

第 9 章
双线摆转动的研究与应用

  刚体的摆动是生活中常见的一种物理现象,它遵循的物理规律曾应用于计时工具。意大利著名力学家伽利略首先研究了单摆,后来荷兰科学家惠更斯研究了复摆,二人为摆的力学理论研究奠定了基础。转动惯量是刚体绕轴转动时惯性的量度,只取决于刚体的形状、质量分布以及转轴的位置,而与刚体转动的角度、角加速度的大小无关。从复摆实验中可以发现,摆动的最大角度衰减较快,说明所受阻力矩较大。本实验将摆体用两根细绳悬挂起来,使摆体转动,构成双线摆的实验装置,用来测量形状不规则、质量分布不均匀的刚体转动惯量,验证刚体转动的平行轴定理。

9.1 实 验 目 的

  (1) 掌握双线摆的设计制作要求。
  (2) 学习双线摆运动和受力的分析及分解方法。
  (3) 学习用转动定律建立双线摆动力学微分方程的方法。
  (4) 掌握双线摆的动力学原理及其测量转动惯量的方法。
  (5) 学会用双线摆验证刚体转动的平行轴定理。

9.2 实 验 仪 器

  双线摆实验装置如图 9-1 所示,包括双线摆、光电门、计时计数器、电子秤、水平仪、金属细杆和待测物体、卷尺等。双线摆装置由底座、支架、上圆盘、横梁和金属细杆构成,质量为 m 的均匀金属细杆用两根长为 L 的悬线对称地悬挂在上圆盘上,两悬线之间的距离为 d ;电子秤用于测量待测物体、金属细杆的质量;水平仪用于判断双线摆底座和金属细杆是否水平;计时计数器与光电门相连,测量运动物体的挡光次数和时间;米尺用于测量细杆长度、细绳长度及两细绳之间的距离;金属细杆用作摆体,待测物体置于其上。

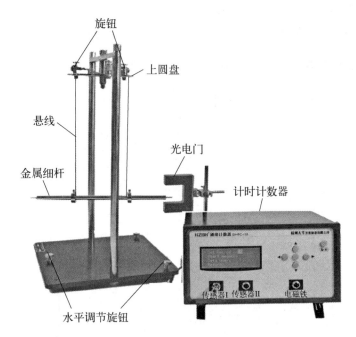

图 9 - 1　双线摆实验装置

9.3　实　验　原　理

1) 均匀金属细杆的转动惯量

当金属细杆由平衡位置绕垂直于杆、平行于 y 轴且通过质心的转轴转动 θ 角时,金属细杆将上升至如图 9 - 2 所示的实线位置,图中为一半金属细杆的情况。以通过杆的质心的转轴为 y 轴,以杆的平衡位置为 x 轴,悬线(实线)与金属细杆在平衡位置时的悬线(虚线)夹角为 α。A 为悬挂点,到转轴的

距离为 $\dfrac{d}{2}$。由于对称性，A 点承载金属细杆重力的一半 $G = \dfrac{1}{2}mg$，另一对称悬挂点与它相同，受力情况如图 9-3 所示。杆的重力可分解为沿悬线的延长线方向 $F_1 = \dfrac{1}{2}mg\cos\alpha$ 和与悬线垂直的 $F_2 = \dfrac{1}{2}mg\sin\alpha$，$g$ 为重力加速度。

F_1 与悬线对杆的拉力方向相反而大小相等。摆杆在 F_2 的作用下，改变水平面内的转动状态和竖直方向的平动状态，因此，F_2 要进一步分解为与重力方向一致的 F_{22}（改变杆 A 点垂直方向的运动状态）和与重力垂直的 F_{21}，F_{21} 与 F_2 的夹角为 α，大小为 $F_{21} = \dfrac{1}{2}mg\sin\alpha\cos\alpha$，改变摆杆水平面内的转动状态。如果阻力忽略不计，$F_{21}$ 产生的力矩即为合外力矩

$$M = \frac{d}{2}\,\frac{1}{2}mg\sin\alpha\cos\alpha \qquad (9-1)$$

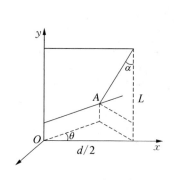

图 9-2 双线摆示意图

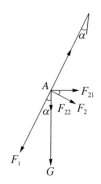

图 9-3 摆杆 A 点受力分解图

在此力矩的作用下，杆将以角加速度 β 转动，根据刚体定轴转动定理，合外力矩等于转动惯量与角加速度之积，有

$$\frac{d}{2}\,\frac{1}{2}mg\sin\alpha\cos\alpha = -\frac{1}{2}I_0\beta \qquad (9-2)$$

式中，$\beta = \dfrac{\mathrm{d}^2\theta}{\mathrm{d}t^2}$，由此可得

$$I_0\frac{\mathrm{d}^2\theta}{\mathrm{d}t^2} + \frac{d}{2}mg\sin\alpha\cos\alpha = 0 \qquad (9-3)$$

式中,两个未知量 α 和 θ 均是关于时间 t 的函数,必须找到两者之间的关系。由

图 9-2 的几何关系可知 $2\dfrac{d}{2}\sin\dfrac{\theta}{2}=L\sin\alpha$,即 $\sin\alpha=\dfrac{d}{L}\sin\dfrac{\theta}{2}$,当摆角 θ 很小

时,可近似地认为 $\sin\dfrac{\theta}{2}=\dfrac{\theta}{2}$;当 $L>d$ 时,$\cos\alpha\to1$,代入式(9-3)可得

$$\frac{\mathrm{d}^2\theta}{\mathrm{d}t^2}+\frac{mgd^2}{4LI_0}\theta=0 \tag{9-4}$$

此式为二阶常系数齐次方程中的简谐振动方程,它有周期解

$$\theta=A\cos(\omega t+\varphi) \tag{9-5}$$

式中,φ 为初位相,由杆转动的初始条件决定;ω 为角频率。将式(9-5)代入

式(9-4)得

$$\omega^2=\frac{mgd^2}{4LI_0} \tag{9-6}$$

又因为周期与角频率的关系为 $\omega=\dfrac{2\pi}{T}$,所以有 $\dfrac{mgd^2}{4LI_0}=\dfrac{4\pi^2}{T^2}$,由此可解得转动惯

量与周期的关系为

$$I_0=\frac{mgd^2}{16\pi^2L}T^2 \tag{9-7}$$

由式(9-7)可知,细杆绕垂直于杆的质心轴的转动惯量 I_0 由直接测得的细杆

质量 m、悬线长 L、两悬线之间的距离 d 和转动周期 T 决定。值得指出的是,

其他力学实验教材中所得到的结果是式(9-7)中 $d=L$ 的一个特例。

　　2) 用双线摆测量待测物体的转动惯量

　　式(9-7)虽然是由均匀金属细杆推导所得的结果,但当待测物体的质心与

杆的质心重合时,式(9-7)同样适用。例如,将质量为 $2m_x$ 的待测物体的质心

与杆的质心重合,由式(9-7)知整个系统绕质心轴转动,总的转动惯量为

$$I=\frac{(m+2m_x)gd^2}{16\pi^2L}T_x^2 \tag{9-8}$$

则待测物体绕质心轴的转动惯量为

$$\Delta I_x = I - I_0 = \frac{(m + 2m_x)gd^2}{16\pi^2 L}T_x^2 - \frac{mgd^2}{16\pi^2 L}T^2 \tag{9-9}$$

式(9-9)表明,先测出细杆的质量 m、悬线长 L、两线之间的距离 d 及对应的周期 T,求得均匀细杆绕质心轴的转动惯量 I_0;然后将待测物体的质心安放在杆的质心轴上,测出系统总的周期 T_x,即可求得待测物体绕质心轴的转动惯量 ΔI_x。

如果是两个质量及分布相同的物体组成一个系统,两个相同物体对称放置

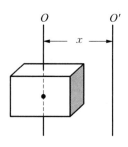

图9-4 平行轴定理

在转轴的两侧,物体组的质心与均匀细杆的质心依然重合,式(9-8)同样适用。

3) 用双线摆验证平行轴定理

对于同一刚体的转动惯量,转轴不同,转动惯量也不同。例如,质量为 $2m_2$ 的刚体,绕通过质心的转轴 O 的转动惯量为 I_0,如图9-4所示,则此刚体绕平行于 O 轴、且距离为 x 的另一转轴 O' 的转动惯量为

$$I = I_0 + 2m_2 x^2 \tag{9-10}$$

该关系称为刚体转动的平行轴定理。如果把式(9-10)中的质量为 $2m_2$ 的物体均分为形状、大小、质量、质量分布相同的两个 m_2,对称地安放在 O 轴两侧相距 x 的位置处,分开前质心在转轴 O 上,它们绕 O 轴的转动惯量为 I_0;分开后由两个 m_2 组成的系统质心依然在转轴 O 上,但从分开两个物体看,单个物体的质心离转轴的距离变为 x,每个物体的转动惯量分别增加了 $m_2 x^2$,总的转动惯量根据平行轴定理则为 $I = I_0 + 2m_2 x^2$,与式(9-10)相同。

从依据转动定理得到的结果式(9-8)考虑,当两个质量及分布相同的物体 m_2 对称地置于质量为 m 的细杆质心的两侧,距离细杆质心为 x_1 时转动,系统总的转动惯量为 $I_1 = \dfrac{(m + 2m_2)gd^2}{16\pi^2 L}T_1^2$;当距离细杆质心为 x_2 时转动,总的转动惯量为 $I_2 = \dfrac{(m + 2m_2)gd^2}{16\pi^2 L}T_2^2$,系统因物体 m_2 位置变化而引起转动惯量的改变量为

$$I_p = I_1 - I_2 = \frac{(m + 2m_2)gd^2}{16\pi^2 L}(T_1^2 - T_2^2) \tag{9-11}$$

从平行轴定理式(9-10)的角度考虑,当距离为 x_1 时,系统总的转动惯量为 $I_1 = I_0 + 2m_2 x_1^2$;当距离为 x_2 时,总的转动惯量 $I_2 = I_0 + 2m_2 x_2^2$,系统因物体 m_2 位置变化而引起转动惯量的改变量为

$$I_t = I_1 - I_2 = 2m_2(x_1^2 - x_2^2) \tag{9-12}$$

比较依据转动定律的实验结果 I_p 和平行轴定理的实验结果 I_t,若两结果相等,则证明平行轴定理式(9-10)正确。

9.4　实验内容

1) 水平调节与基本参数测量

(1) 水平调节:首先将水平仪安放在双线摆的底座上,调节双线摆底座螺钉,判断底座是否水平;然后松开固定双线摆悬线的螺钉,调节两悬线长度同为 L,用水平仪判断杆是否水平。

(2) 基本参数测量:用电子秤测量细杆的质量 m;用米尺测量悬绳的长度 L 和两悬绳之间的距离 d;调节光电门位置,使杆静止时的挡光片处于计时计数器光电门的正中央;将光电门与计时计数器相连,设定测量连续转动 n 个周期的时间 t。

2) 测量摆杆的转动惯量

转动双线摆的上圆盘,拉动杆旋转一个小角度,稳定后开始计时,测量连续转动 n 个周期的时间 t_n,求一个周期的时间 $T = \dfrac{t_n}{n}$。将 m、d、L 和 T 的值代入式(9-7),计算 $I_0 = \dfrac{mgd^2}{16\pi^2 L}T^2$,并估算 I_0 的不确定度。

3) 测量待测物体的转动惯量

(1) 在上述实验的基础上,用电子秤测量待测物体的质量 m_x,并测量其质心位置。将待测物体的质心放置在转轴的中心上,使其质心与细杆质心(中心)重合,待测物体质心到细杆中心的距离 $x = 0$。

(2) 调节计时计数器和光电门,设定周期测量个数 n 的值;使杆静止时的挡光片处于计时计数器光电门的正中央,转动双线摆的上圆盘,拉动杆旋转一个小角度,稳定后开始计时,测量连续转动 n 个周期的时间 t_n,计算一个周期的

时间 $T_x = \dfrac{t_n}{n}$，将测量结果代入式(9-8)计算细杆和待测物体组成系统的总转动惯量 I。

(3) 将 I 和上述 2)中测得的 I_0 一并代入式(9-9)，计算待测物体绕质心轴的转动惯量 $\Delta I_x = I - I_0$。

4) 验证平行轴定理

(1) 将两个相同的待测物体对称地放置在杆悬线的外侧，用米尺测定质量为 m_2 的物体质心到转轴的距离 x、两悬绳的长度 L 和两悬绳之间的距离 d。

(2) 调节光电门位置，使杆静止时的挡光片处于光电门的正中央；调节计时计数器，设定连续测量的周期个数 n；转动双线摆的上圆盘，拉动摆杆旋转一个小角度，稳定后开始计时，测量连续转动 n 个周期的时间 t_n；计算一个周期的时间 $T = \dfrac{t_n}{n}$。

(3) 改变质量为 m_2 的物体质心到转轴的距离 x，重复上述操作 5 次，测量和计算结果记入表 9-1 中。

(4) 分别根据转动定律获得的结果式(9-8)计算 I_p，根据平行轴定理式(9-10)计算 I_t，求 I_p/I_t 的值，将计算结果记入表 9-1 中。如果比值为 1，则结果 I_p 与 I_t 相同。

表 9-1　平行轴定理验证测量结果

x /cm	x^2	t/s	T	T^2	$I_p = \dfrac{(m + 2m_2)gd^2}{16\pi^2 L}T^2$	$I_t = I_0 + 2m_2 x^2$	I_p/I_t

9.5　实验方法延伸和创新实训

（1）数据处理方法延伸：用不同的方法处理相同的数据，比较结果。在上述验证平行轴定理的数据处理中，改用作图法，以 x^2 为横坐标，以 T^2 为纵坐标；或改用式(9-11)和式(9-12)的逐差比较法。

（2）用横向比较法发现问题，寻找关系：将双线摆的式(9-7) $I_0 = \dfrac{mgd^2}{16\pi^2 L} T^2$ 与复摆的式(8-6) $I = \dfrac{mgh}{4\pi^2} T^2$、单摆的 $l = \dfrac{g}{4\pi^2} T^2$ 进行比对，分析它们之间的物理模型演化或延伸方法。

（3）理论延伸：考虑阻力矩，增加解决问题的难度。在上述的双线摆摆体运动过程中忽略了阻力的影响，尝试建立双线摆存在阻力矩时的动力学方程，并求方程的解，用解说明阻力对周期的影响。

（4）实验装置延伸，增加问题的难度：在本双线摆实验中，两悬线在上圆盘两固定点的距离 d_1 与在摆杆上两固定点距离 d_2 是相等的，即 $d_1 = d_2$，静止时两悬线平行。研究建立 d_1 不等于 d_2 时，双线摆的动力学方程，并求方程的解，用解说明 d_1 与 d_2 对摆动周期的影响。

（5）实验方案延伸，增加问题的难度：在本双线摆实验中，质量分布、杆的长度和悬线是对称的，逐一研究不对称时对摆动周期的影响。

第 10 章
三线摆摆动规律研究与应用

前面已经研究和应用复摆、双线摆测量物体的转动惯量,通过实验对比,可以发现双线摆的摆动最大幅度衰减比复摆的慢,表明双线摆受到的阻力矩比复摆的小,细杆和悬线受到的阻力比复摆和刀口受到的阻力小。测量刚体转动惯量的方法还有落球法、单摆法、扭摆法和三线摆法等,其中三线摆法是测量刚体转动惯量的基本方法之一。本实验将双线摆的细杆换成圆盘,用三根细线悬挂圆盘,构成三线摆,研究应用三线摆法测量物体的转动惯量和验证平行轴定理。

10.1 实验目的

(1) 掌握三线摆的结构、调节和使用方法。
(2) 学习三线摆运动和受力的分析、分解。
(3) 学习应用转动定律建立动力学微分方程。
(4) 掌握三线摆法测定物体的转动惯量的原理和方法。
(5) 掌握三线摆法验证转动惯量的平行轴定理。

10.2 实验仪器

三线摆实验装置如图 10 - 1 所示,包括三线摆、卷尺、游标卡尺、水平仪、计时计数器(或秒表)、光电门、电子天平、待测物(圆环和两个质量分布均匀、尺寸相同的圆柱体)。其中三线摆由底座、支架、上圆盘、下圆盘、悬线、底脚螺钉等

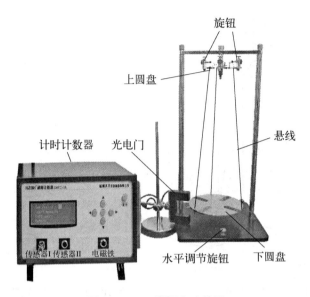

图 10 - 1　三线摆实验装置

构成,质量为 m 的下圆盘通过三根长度均为 l 的悬线,悬挂在固定不动的上圆盘下;底脚螺钉用于调节三线摆底座水平和支架竖直;电子秤用于测量待测物体、下圆盘的质量;水平仪用于判断底座和下圆盘是否水平;计时计数器与光电门相连,测量运动物体的挡光次数和时间;米尺用于测量悬线长度;下圆盘用作摆体,待测物体置于其上。

10.3　实 验 原 理

1) 下圆盘转动惯量与转动周期的函数关系

设固定在水平横梁上的上圆盘半径为 r,下圆盘半径为 R,$r < R$,用三根长度均为 l 的悬线将下圆盘悬挂在上圆盘下面,下圆盘 m_0 静止平衡状态时,上、下圆盘之间的距离为 H,如图 10 - 2 虚线所示。设其中一根悬线在上圆盘的固定点为 B,在下圆盘的固定点为 A,B 点在下圆盘上的投影为 C 点,当下圆盘绕中心轴 OO_1 以角速度 $\omega = \dfrac{\mathrm{d}\theta}{\mathrm{d}t}$ 做小角度 θ 旋转时,下圆盘由虚线位置的 A' 旋转到实线位置的 A 点,下圆盘上升了 h,此时悬线 AB 与 BC 的夹角为 α。

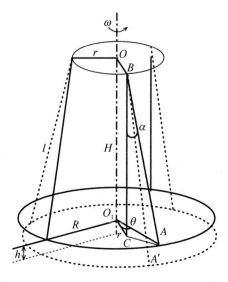

图 10‐2 三线摆示意图   图 10‐3 下圆盘 A 点受力分解图

A 悬挂点到转轴的距离为 R,由于对称性,A 点承载下圆盘重力的三分之一,即 $G = \frac{1}{3} m_0 g$,A 点受力及分解情况如图 10‐3 所示。重力 G 可分解为沿悬线的延长线方向 $F_1 = \frac{1}{3} m_0 g \cos \alpha$ 和与悬线垂直的 $F_2 = \frac{1}{3} m_0 g \sin \alpha$,$g$ 为重力加速度;F_1 与悬线对下圆盘的拉力方向相反。F_2 进一步分解为与重力方向一致的 F_{22},改变 A 点垂直方向的运动状态;F_2 另一个分力 F_{21} 与重力垂直,F_{21} 与 F_2 的夹角为 α,大小为 $F_{21} = \frac{1}{3} m_0 g \sin \alpha \cos \alpha$,改变 A 点水平切线方向的转动状态。如果阻力忽略不计,F_{21} 产生的力矩即为合外力矩,其大小为

$$M = \frac{1}{3} R m_0 g \sin \alpha \cos \alpha \qquad (10\text{‐}1)$$

在此力矩的作用下,下圆盘将以角加速度 β 转动,根据刚体定轴转动的合外力矩等于转动惯量与角加速度之积,有

$$\frac{1}{3} R m_0 g \sin \alpha \cos \alpha = -\frac{1}{3} I_0 \beta \qquad (10\text{‐}2)$$

式中,$\beta = \dfrac{\mathrm{d}^2 \theta}{\mathrm{d}t^2}$,由此可得

$$I_0 \frac{\mathrm{d}^2\theta}{\mathrm{d}t^2} + Rm_0 g \sin\alpha\cos\alpha = 0 \tag{10-3}$$

式中,两个未知量 α 和 θ 均是关于时间 t 的函数,必须找到它们之间的关系。由图 10-2 的几何关系可知,由于 h 相对于 H 是小量,所以 $\cos\alpha = \dfrac{H-h}{l} \approx \dfrac{H}{l}$;由于半径 r 和 R 相差很小,三角形 ACO_1 可近似为等腰三角形,所以 $AC \approx 2r\sin\dfrac{\theta}{2}$,$\theta$ 角又很小,可视作 $\sin\alpha = \dfrac{AC}{l} \approx \dfrac{2r\sin\dfrac{\theta}{2}}{l} \approx \dfrac{r\theta}{l}$,将它们代入式(10-3),得

$$I_0 \frac{\mathrm{d}^2\theta}{\mathrm{d}t^2} + \frac{m_0 g R r H}{l^2}\theta = 0 \tag{10-4}$$

此二阶常系数齐次微分方程为简谐振动方程,它有如下形式的周期解

$$\theta = A\cos(\omega t + \varphi) \tag{10-5}$$

式中,φ 为初位相,由下圆盘转动的初始条件决定;ω 为角频率,将式(10-5)代入式(10-4)得

$$\omega = \sqrt{\frac{m_0 g R r H}{I_0 l^2}} \tag{10-6}$$

又因为 $\omega = \dfrac{2\pi}{T_0}$,代入式(10-6)得

$$I_0 = \frac{m_0 g R r H}{4\pi^2 l^2} T_0^2 \tag{10-7}$$

式(10-7)表明下圆盘转动惯量 I_0 与 m_0、上圆盘半径 r、下圆盘半径 R、两圆盘之间距离 H、悬线长 l、重力加速度 g、下圆盘转动周期 T_0 的函数关系。值得指出的是,其他力学实验教材中,从能量守恒的角度研究下圆盘的动力问题,只考虑了下圆盘的转动动能和上下运动的势能,没有考虑上下运动的平动动能,导致结果是式(10-7)中 $H=l$ 的一个特例。

2) 利用三线摆测量转动惯量

将质量为 m 的待测物体放在下圆盘上,并将待测刚体的质心置于 OO_1 轴

上。测出此时下圆盘运动周期 T_1，代入式(10-7)，可求得待测物体和下圆盘对中心转轴 OO_1 总的转动惯量为

$$I_1 = \frac{(m_0 + m)gRrH}{4\pi^2 l^2}T_1^2 \tag{10-8}$$

则待测物体绕中心轴 OO_1 的转动惯量为

$$I = I_1 - I_0 = \frac{gRrH}{4\pi^2 l^2}\left[(m_0 + m)T_1^2 - m_0 T_0^2\right] \tag{10-9}$$

因此，通过测量长度、质量和时间，可求得刚体绕质心轴的转动惯量。

3) 利用三线摆验证平行轴定理

若质量为 m 的质心在转轴 OO_1 上，其转动惯量称为绕过其质心轴的转动惯量，记为 I_C；如果将该物体的质心由转轴位置 OO_1 移到距离转轴为 x_1 的位置，平行轴定理认为该物体此时绕转轴 OO_1 的转动惯量为

$$I_{x1} = I_C + mx_1^2 \tag{10-10}$$

而根据转动定理得到的式(10-7)，该物体此时绕转轴 OO_1 的转动惯量则为

$$I'_{x1} = \frac{(m_0 + m)gRrH}{4\pi^2 l^2}T_{x1}^2 \tag{10-11}$$

由式(10-10)和式(10-11)可知，通过计算比较 I_{x1} 与 I'_{x1} 的大小，或找到 x_1^2 与 T_{x1}^2 的变化关系，可以验证平行轴定理。

10.4 实 验 内 容

1) 水平调节，基本物理量测量

(1) 调整底座上的三个螺钉，直至底板上水准仪的水泡位于正中间以调整底座水平。再将水准仪置于下圆盘上，松开上圆盘上的三个旋钮，调整悬线的长度，直至下圆盘水准仪的水泡位于正中间以调整下圆盘水平。

(2) 用卷尺测量悬线长 l、上下圆盘之间的距离 H。

(3) 用游标卡尺测量上圆盘三悬线固定点之间的距离 a 和下圆盘三悬线

固定点之间的距离 b，分别根据 a、b 的值，用等边三角形外接圆半径法计算悬点到中心的距离 R 和 r。

（4）用游标卡尺测量待测圆环的内直径 d_1、外直径 d_2 和小圆柱体的直径 d_3。

（5）用天平测量下圆盘质量 m_0、圆环质量 m_1、小圆柱体质量 m_2。将上述测量结果记入表 10 - 1 中。

表 10 - 1　测量结果(长度单位：mm;质量单位：g)

物理量		l	H	a	b	d_1	d_2	d_3	m_0	m_1	m_2
次数	1										
	2										
	3										
	4										
	5										
平均值											
不确定度											
结　果											

（6）计算表 10 - 1 中各物理量的平均值、不确定度。

（7）分别根据表 10 - 1 中 a、b 平均值的计算结果，用等边三角形外接圆半径法求悬点到中心的距离 $\bar{r} = \dfrac{\bar{a}}{\sqrt{3}}$，$\bar{R} = \dfrac{\bar{b}}{\sqrt{3}}$。

2）测定转动惯量

（1）将光电门安放于下圆盘处在平衡位置时的挡光杆所在位置，使挡光杆能遮住发射和接受光电门的光线。连接光电门与计时计数器，选择测量周期的功能，设定连续测量周期的个数 n。

（2）轻轻拨动上圆盘，带动下圆盘转动的同时避免晃动，转动稳定后，按下开始计时按键，测量下圆盘空载时绕中心轴 OO_1 转动 n 个周期的时间 t_0，计算

一个周期的时间 $T_0 = \dfrac{t_0}{n}$，重复数次，将测量结果记于表 10-2 中。

表 10-2　测量物体的转动惯量(时间单位：s)

物理量		t_0	t_1	t_2
总时间/s	1			
	2			
	3			
	4			
	5			
$\overline{t}$				
$\overline{T}$				
$\overline{T}$ 不确定度				
I				

（3）将待测圆环置于下圆盘上，并使两者的中心重合，按上述同样的步骤测量它们共同转动 n 个周期的时间 t_1，计算一个周期的时间 $T_1 = \dfrac{t_1}{n}$，结果记入表 10-2 中。

（4）将待测小圆柱置于下圆盘上，并使两者的中心重合，按上述同样的步骤测量它们共同转动 n 个周期的时间 t_2，计算一个周期的时间 $T_2 = \dfrac{t_2}{n}$，结果记入表 10-2 中。

（5）根据式(10-7)，计算下圆盘转动惯量 $I_0 = \dfrac{m_0 g R r H}{4\pi^2 l^2} T_0^2$。

（6）根据式(10-8)，计算下圆盘和圆环总的转动惯量 $I_1 = \dfrac{(m_0 + m_1) g R r H}{4\pi^2 l^2} T_1^2$，根据式(10-9)，计算圆环绕质心轴的转动惯量：

$$I_{环} = I_1 - I_0 = \frac{gRrH}{4\pi^2 l^2} \left[(m_0 + m_1) T_1^2 - m_0 T_0^2 \right]$$

（7）根据式（10-8），计算下圆盘和小圆柱总的转动惯量 $I_2 = \frac{(m_0 + m_2)gRrH}{4\pi^2 l^2} T_2^2$，根据式（10-9），计算小圆柱绕质心轴的转动惯量：

$$I_{柱} = I_2 - I_0 = \frac{gRrH}{4\pi^2 l^2} \left[(m_0 + m_2) T_1^2 - m_0 T_0^2 \right]$$

3）验证平行轴定理

（1）将两个质量为 m_3 的小圆柱体对称放置在下圆盘中心的两边，测量两小圆柱体的间距 $2x$，其与下圆盘共同转动 n 个周期的时间 t_3，计算一个周期 $T_3 = \frac{t_3}{n}$。改变小圆柱体放置的位置 5 次，测量对应的周期，将结果记入表 10-3 中。

表 10-3　验证平行轴定理（长度单位：m；时间单位：s）

测量次数	物　理　量				
	x	I_x	T_3	I'_x	I_x/I'_x
1					
2					
3					
4					
5					

（2）基于平行轴定理的式（10-10），计算两个小圆柱体绕轴 OO_1 的转动惯量值 $I_x = I_C + 2m_3 x^2$，其中 I_C 为 $x=0$ 时两个小圆柱体绕质心轴转动的转动惯量。

（3）基于转动惯量与转动周期的函数关系式（10-11），计算两个小圆柱体绕转轴 OO_1 的转动惯量 $I'_{x1} = \frac{(m_0 + 2m_3)gRrH}{4\pi^2 l^2} T_x^2$。

（4）计算 I_x/I'_x 的值，验证平行轴定理。

10.5　实验方法延伸和创新实训

（1）实验原理创新：在研究三线摆转动规律时，诸多学者采用下圆盘运动的机械能守恒方法，建立三线摆的动力学方程，他们考虑了下圆盘水平面内的转动动能和垂直方向的势能，而没有考虑垂直方向的平动动能。第一，试分析这样做是否合适。第二，如果要考虑垂直方向的平动动能，试用机械能守恒方法，推导三线摆的动力学方程，并求解该方程，分析结果有什么不同。

（2）实验数据处理方法比较：将上述验证平行轴定理的数据处理改用作图法，以 x^2 为横坐标，以 T^2 为纵坐标；或改用逐差比较法。比较三种数据处理方法的结果，谈谈体会。

（3）用横向比较法发现问题，训练创新思维能力：设计实验比较双线摆、复摆、三线摆摆动中的能量损耗情况，根据实验结果分析摆体形状和运动形式与能量损耗的关系。要求摆体的质量相等，具有的初始能量相等（质心由平衡位置上升相同的高度）。

（4）用增加问题复杂性的方法，训练创新思维能力：建立三线摆存在阻力矩时的动力学方程，并求方程的解，用解说明阻力对周期的影响。

（5）学习关键细节问题的处理方法：在本三线摆动力学方程的推导过程中，做了一个近似处理，认为上下圆盘的半径 r 和 R 相差很小，三角形 ACO_1 为等腰三角形，即 $AC \approx 2r\sin\dfrac{\theta}{2}$。如果不做该近似处理，推导三线摆的动力学方程，能否求解该方程？

第 11 章
扭摆法测定物体转动惯量

由复摆、双线摆、三线摆实验可知,转动惯量一般都不能直接测量,而是使刚体以一定形式运动,通过表征这种运动特征的物理量与转动惯量的关系,进行间接测量。在复摆、双线摆、三线摆的实验装置中,利用重力的一个分力提供恢复力矩,使刚体转动,产生简谐振动,利用简谐振动的周期与刚体转动惯量、物体质量、转轴位置和质量分布的关系,测量转动惯量。本实验将采用弹簧提供的弹力矩使物体产生转动,通过测量转动周期及其他参数,间接测量物体的转动惯量并验证平行轴定理。

11.1 实 验 目 的

(1)熟悉扭摆的力学构造,掌握转动惯量测试仪的使用方法。

(2)测定扭摆弹簧的扭转常数。

(3)学习利用转动定律建立扭摆的动力学方程。

(4)掌握应用扭摆测定塑料圆柱、金属圆筒、木球与金属细长杆等不同形状物体的转动惯量。

(5)掌握转动惯量平行轴定理的验证方法。

11.2 实 验 仪 器

扭摆测转动惯量实验装置如图 11-1 所示,包括支架、水平调节旋钮、转轴、螺旋弹簧、载物盘、挡光片、光电门、计时计数器、空心金属圆柱体、实心塑料圆柱体、木球、细金属杆和金属小圆柱体。螺旋弹簧一端固定在支架上,另一端固定在转轴上,螺旋弹簧产生的力矩带动转轴转动。载物盘固定在转轴的上端,与转轴同轴转动。待测物安放在载物盘上,在弹力矩作用下与载物盘、转轴一同转动。

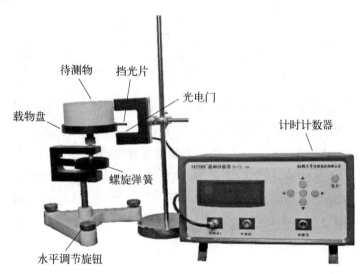

图 11‐1　扭摆测转动惯量装置

光电门主要由红外发射管和红外接收管组成,可将光信号转换为脉冲电信号,输入计时计数器。可用遮光物体往返遮挡光电探头发射光束通路,检查计时计数器是否开始计数和是否到预定周期数时停止计数。为防止过强光线对光探头的影响,光电探头不能放置在强光下,实验时采用窗帘遮光,以确保计时的准确。

11.3　实　验　原　理

将物体安放在载物盘上,并在水平面内转过一角度 θ,则螺旋弹簧偏离平衡位置,产生作用在转轴上的恢复力矩,该力矩连带载物盘及其上的物体绕垂直转轴做往返扭转运动。根据胡克定律,弹簧因扭转而产生的恢复力矩大小 M 与所转过的角度 θ 成正比,即

$$M = -K\theta \tag{11‐1}$$

式中,K 为弹簧的扭转常数,根据刚体的定轴转动定律有

$$M = I\beta = I \frac{\mathrm{d}^2\theta}{\mathrm{d}t^2} \qquad (11-2)$$

式中,I 为物体绕转轴的转动惯量,β 为角加速度,忽略轴承的摩擦阻力矩,由式(11-1)与式(11-2)可得

$$\frac{\mathrm{d}^2\theta}{\mathrm{d}t^2} + \frac{K}{I}\theta = 0 \qquad (11-3)$$

该二阶常系数微分方程的解为

$$\theta = A\cos(\omega t + \varphi) \qquad (11-4)$$

该解表明,物体做简谐振动,A 为振动的振幅,φ 为初相位角,其中角频率为

$$\omega = \sqrt{\frac{K}{I}} = \frac{2\pi}{T} \qquad (11-5)$$

由式(11-5)可得物体的转动惯量 I 与周期 T、弹簧扭转常数 K 的关系为

$$I = \frac{K}{4\pi^2} T^2 \qquad (11-6)$$

由式(11-6)可知,物体摆动周期 T 由实验直接测量,如果已知 I 和 K 中的任何一个,可计算出另一个量。

1) 弹簧扭转常数 K、转轴和载物盘的转动惯量 I_0 的测量方法

对于几何形状规则的物体,它绕质心轴的转动惯量可以根据它的质量和几何尺寸用理论公式直接计算得到。例如:

质量为 m_1、直径为 D_1 的实心圆柱绕质心轴的转动惯量为

$$I_1 = \frac{1}{8} m_1 D_1^2 \qquad (11-7)$$

质量为 m_2、内外径分别为 $D_内$ 与 $D_外$ 的空心圆柱绕质心轴的转动惯量为

$$I_2 = \frac{1}{8} m_2 (D_外^2 + D_内^2) \qquad (11-8)$$

质量为 m_3、直径为 $D_{直}$ 的球绕质心轴的转动惯量为

$$I_3 = \frac{1}{10} m_3 D_{直}^2 \qquad (11-9)$$

质量为 m_4、长为 L 的细杆绕质心轴的转动惯量为

$$I_4 = \frac{1}{12} m_4 L^2 \qquad (11-10)$$

设转轴和载物盘的转动惯量为 I_0,将质量为 m_1 的实心圆柱安放在载物盘上,测量其转动周期 T_1,代入式(11-6)可得转轴、载物盘和实心圆柱总的转动惯量为 $I = \frac{K}{4\pi^2} T_1^2$,它应等于转轴和载物盘的转动惯量 I_0 与由式(11-7)决定的 I_1 之和,因此有

$$\frac{K}{4\pi^2} T_1^2 = I_0 + \frac{1}{8} m_1 D_1^2 \qquad (11-11)$$

同理,将质量为 m_2 的空心圆柱安放在载物盘上,测量其转动周期 T_2,代入式(11-6),联合式(11-8),可得

$$\frac{K}{4\pi^2} T_2^2 = I_0 + \frac{1}{8} m_2 (D_{外}^2 + D_{内}^2) \qquad (11-12)$$

解式(11-11)与式(11-12)联合的方程组,可得

$$I_0 = \frac{m_2 T_1^2 (D_{外}^2 + D_{内}^2) - m_1 T_2^2 D_1^2}{8(T_2^2 - T_1^2)} \qquad (11-13)$$

$$K = \frac{\pi^2 [m_2 (D_{外}^2 + D_{内}^2) - m_1 D_1^2]}{2(T_2^2 - T_1^2)} \qquad (11-14)$$

2) 测量待测物体的转动惯量

将待测物体安放在载物盘上,测量系统总的转动周期 T_3,代入式(11-6)可得系统总的转动惯量为

$$I_3 = \frac{K}{4\pi^2} T_3^2$$

则待测物体的转动惯量为

$$\Delta I_3 = \frac{K}{4\pi^2} T_3^2 - I_0 \qquad (11-15)$$

式中，I_0 与 K 分别由式(11-13)和式(11-14)决定。

3) 验证转动惯量的平行轴定理

若质量为 m 的物体绕通过质心轴的转动惯量为 I_0，当转轴平行移动距离 x 时，则此物体对新转轴的转动惯量为 $I_x = I_0 + mx^2$，称为转动惯量的平行轴定理。将图 11-1 中的载物盘换上夹具和细杆，如图 11-2 所示。由于装置中的弹簧不变，所以扭转常数 K 不变，仍由式(11-14)决定。但载物盘换成了夹具和细杆，要重新测量 I_0。

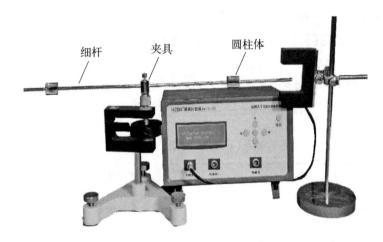

细杆　　夹具　　圆柱体

图 11-2　验证平行轴定理实验装置

将图 11-2 中的两个圆柱体取下，使细杆的质心移到转轴上，测量系统的周期 T_0，代入式(11-6)，得夹具和细杆的转动惯量为

$$I_0 = \frac{K}{4\pi^2} T_0^2 \qquad (11-16)$$

式中，K 由式(11-14)决定。将形状相同、质量同为 m_4 的两个圆柱体对称地放置在转轴的两侧，测量圆柱体质心到转轴的距离 x、转动的周期 T。根据式(11-6)有

$$I = \frac{K}{4\pi^2} T^2 \qquad (11-17)$$

根据平行轴定理有

$$I' = I_0 + 2 m_4 x^2 \qquad (11-18)$$

比较 I 和 I' 的值,验证平行轴定理。

11.4 实验内容

1) 测量弹簧扭转常数 K、转轴和载物盘的转动惯量 I_0。

(1) 按图 11-1 安装实验装置,调整扭摆支架基座的底脚螺丝,使水平仪的气泡位于中心,并在转轴上安装载物盘。

(2) 调整光电门位置,使载物盘上的挡光杆静止时处于光电门缺口中央,且能遮住发射、接收光线的小孔。

(3) 测量实心圆柱的质量 m_1 和外径 D_1,空心圆筒质量 m_2 和内外径 $D_内$ 与 $D_外$,重复三次,将测量结果记入表 11-1 中,取平均。

表 11-1 测量载物盘、不规则物体的转动惯量和弹簧扭转常数

物体名称	质量 /kg	几何尺寸 /10^{-2} m		周期/s		转动惯量理论值 /kg·m²	转动惯量实验值 /kg·m²
实心圆柱		D_1		T_1		$I'_1 = \dfrac{1}{8} m_1 \overline{D}_1^2$	$I_1 = \dfrac{K\overline{T}_1^2}{4\pi^2} - I_0$
		$\overline{D}_1$		$\overline{T}_1$			
空心圆筒		$D_外$		T_2		$I'_2 = \dfrac{1}{8} m_2 (\overline{D}_外^2 + \overline{D}_内^2)$	$I_2 = \dfrac{K\overline{T}_2^2}{4\pi^2} - I_0$
		$\overline{D}_外$					
		$D_内$		$\overline{T}_2$			
		$\overline{D}_内$					

(续表)

物体名称	质量/kg	几何尺寸/10^{-2} m	周期/s		转动惯量理论值/kg·m²	转动惯量实验值/kg·m²
形状不规则物体			T_3			$I_3 = \dfrac{K\overline{T}_3^2}{4\pi^2} - I_0$
			$\overline{T}_3$			
夹具			T_4			$I_4 = \dfrac{K\overline{T}_4^2}{4\pi^2}$
金属细杆		L	T_5			$I_5 = \dfrac{K\overline{T}_5^2}{4\pi^2} - I_4$
圆柱体			T_6			$I_6 = \dfrac{K\overline{T}_6^2}{4\pi^2} - I_4 - I_5 - 2md^2$

（4）将实心圆柱安置在载物盘上，测定摆动周期 T_1，重复三次，结果记入表 11 - 1 中，取平均。

（5）取下载物盘上的实心圆柱，换上空心圆筒，测定摆动周期 T_2，重复三次，结果记入表 11 - 1 中，取平均。

将数据代入式(11 - 13)与式(11 - 14)，计算弹簧扭转常数 K、转轴和载物盘的转动惯量 I_0。

比较实心圆柱、空心圆筒各自实验值与理论值的大小，分析比较结果。

2) 测量待测物体的转动惯量

先测量形状不规则物体的质量 m_x、质心位置。取下载物盘的空心圆柱，换上形状不规则的待测物体，测量其转动周期 T_3，测量结果记入表 11 - 1 中。根据式(11 - 15)，计算转动惯量。

3) 验证转动惯量的平行轴定理

（1）分别测量金属细杆和圆柱体的质量和质心位置。取下待测物体和载物盘，换上夹具，测定摆动周期 T_4。计算夹具的转动惯量 I_4。

（2）在夹具上加上金属细杆，使金属细杆中心与转轴重合，测定摆动周期

T_5。计算实验值 I_5。

（3）按图 11-2，将两个圆柱体对称放置在金属细杆上，使圆柱组合体的质心和金属细杆中心与转轴重合，测定摆动周期 T_6 和单个圆柱体的质心到转轴的距离 d，结果记入表 11-2 中，计算实验值 I_6。

（4）将圆柱体对称放置在细杆两边的凹槽内，调节圆柱体的质心到转轴的距离分别为 5 cm、10 cm、15 cm、20 cm、25 cm，测定对应摆动周期 T，测量结果记入表 11-2 中。根据式(11-6)分别计算实验值，按平行轴定理计算理论值，将计算结果进行比较，验证转动惯量平行轴定理。在计算转动惯量理论值时，应加上夹具的转动惯量 I_4、金属细杆的转动惯量 I_5、两圆柱体绕质心轴的转动惯量 I_6。

表 11-2　验证转动惯量平行轴定理

$x/10^{-2}$ m	5	10	15	20	25
摆动周期 T/s					
$\overline{T}/\text{s}$					
实验值/(kg·m²) $I = \dfrac{K}{4\pi^2}T^2$					
理论值/(kg·m²) $I' = I_4 + I_5 + I_6 + 2mx^2$					
百分差					

11.5　实验方法延伸和创新实训

（1）纵向延伸创新实训：本实验在建立摆体转动力学方程时，认为弹簧的扭转常数 K 值是不变的，而实际上 K 与摆动角度略有关系，摆角在 90°左右基本相同,在小角度时变小。如果考虑弹簧的扭转系数 K 值是关于角度 θ 的函数,将式(11-3)改为 $\dfrac{\mathrm{d}^2\theta}{\mathrm{d}t^2}+\dfrac{K(\theta)}{I}\theta=0$,设式中 $K(\theta)=k_0+k_1\theta$,用试探函数法寻找该非线性方程的周期解,并设计实验方案,测量摆动周期与最大偏转角度的关系。

（2）通过横向综合比较进行实验装置的创新实训：单摆、复摆、双线摆和三线摆是利用重力的一个分力随角度做周期性的变化迫使物体做周期性运动；惯性秤和扭摆是利用物体弹性形变产生弹力,弹力又随形变大小产生周期性变化,迫使研究对象做周期性运动；第 12~14 章中的物体做周期性振动是由电磁力驱动的。请设计方案,制作利用周期性变化的电磁力迫使刚体做周期性摆动的装置。

第 12 章
弦振动特性的研究

振动和波动现象是现实生活中常见的物理现象,如人的声带靠振动产生声音。弦振动和波动最经典的应用是古人用它设计制造弦乐器。虽然三百多年以前的人们并不知道弦乐器的物理机理,但他们在设计和制作时,都考虑到了下列三个因素:一是弦的粗细,二是弦的松紧(张力),三是弦的长短。本实验探究弦振动和波动的力学机理及特性。

12.1　实　验　目　的

(1) 学习弦振动和波的动力学机理。

(2) 掌握产生稳定持续振动的实验方法。

(3) 观察弦振动时形成的共振驻波和非共振驻波。

(4) 掌握用两种方法测量弦线上横波的传播速度,比较两种方法的实验结果。

(5) 探索弦振动的波长与张力的关系。

12.2　实验仪器和用具

实验仪器和用具包括分析天平、米尺和弦振动实验装置,其中,弦振动实验装置包括电源、音叉、线圈、起振调节螺钉、弹簧片、滑轮、砝码、弦线,如图 12-1所示。弹簧片固定在音叉上,与起振调节螺钉组成一个继电器开关,控制电流的通断;线圈固定在音叉两臂之间,电源的一端与起振调节螺钉相连,另一端与线圈相连,线圈的另一端与音叉相连;由电源、音叉、线圈、起振调节螺钉、弹簧片组合成电振音叉,其电路如图 12 - 2 所示。用分析天平测量弦线的质量,用砝码改变弦线的张力。弦线的一端固定在音叉的臂上,另一端跨过滑轮与砝码相连。电振音叉使音叉产生稳定持续的机械振动,该振动通过弦线向外传播。

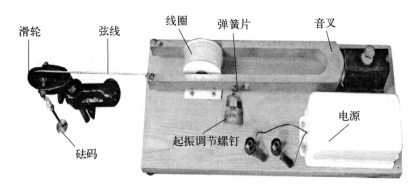

图 12 - 1　电振音叉实验装置

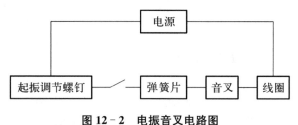

图 12 - 2　电振音叉电路图

12.3　实　验　原　理

1) 弦振动的波动方程及解

电振音叉使音叉产生稳定持续的机械振动,该振动带动弦线的一端 A 点振动,并通过弦线由 A 点向 B 点传播,形成横波,如图 12 - 3 所示。设横波在张紧的弦线上沿 x 轴正方向传播,在 AB 上,任取一微元段 $CD = \mathrm{d}s$ 加以讨论,如图 12 - 4 所示。

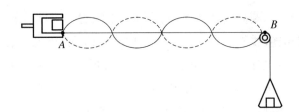

图 12 - 3 弦振动产生的横波、共振时形成的驻波

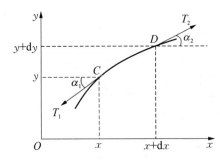

图 12 - 4 弦微元段的动力学分析

设弦线的线密度（即单位长度的质量）为 ρ，则此弦线微元段 ds 的质量为 ρds，在 C、D 处受到左右邻段的张力分别为 T_1、T_2，其方向为沿弦的切线方向，与 x 轴的夹角为 α_1、α_2。

由于弦线上传播的横波在 x 方向无振动，所以作用在微元段 ds 上张力的 x 分量为零，即

$$T_2 \cos \alpha_2 - T_1 \cos \alpha_1 = 0 \tag{12-1}$$

又根据牛顿第二定律，在 y 方向微元段的动力学方程为

$$T_2 \sin \alpha_2 - T_1 \sin \alpha_1 = \rho \mathrm{d}s \frac{\mathrm{d}^2 y}{\mathrm{d}t^2} \tag{12-2}$$

对于小的振动，可取 $\mathrm{d}s \approx \mathrm{d}x$；而 α_1、α_2 都很小，所以 $\cos \alpha_1 \approx \cos \alpha_2 \approx 1$，$\sin \alpha_1 \approx \tan \alpha_1$，$\sin \alpha_2 \approx \tan \alpha_2$。由此式（12-1）成为 $T_2 - T_1 = 0$，即 $T_2 = T_1 = T$，表明弦线受到的张力不随时间和地点而改变，为一定值。又从导数的几何意义可知 $\tan \alpha_1 = \left(\dfrac{\mathrm{d}y}{\mathrm{d}x}\right)_x$，$\tan \alpha_2 = \left(\dfrac{\mathrm{d}y}{\mathrm{d}x}\right)_{x+\mathrm{d}x}$，由此可将式（12-2）改写为

$$T\left(\frac{\mathrm{d}y}{\mathrm{d}x}\right)_{x+\mathrm{d}x} - T\left(\frac{\mathrm{d}y}{\mathrm{d}x}\right)_x = \rho \mathrm{d}s \frac{\mathrm{d}^2 y}{\mathrm{d}t^2} \tag{12-3}$$

将式（12-3）中的 $\left(\dfrac{\mathrm{d}y}{\mathrm{d}x}\right)_{x+\mathrm{d}x}$ 按泰勒级数展开，并略去二级微量，得

$$\left(\frac{\mathrm{d}y}{\mathrm{d}x}\right)_{x+\mathrm{d}x} = \left(\frac{\mathrm{d}y}{\mathrm{d}x}\right)_x + \left(\frac{\mathrm{d}^2 y}{\mathrm{d}x^2}\right)_x \mathrm{d}x \tag{12-4}$$

将式(12-4)代入式(12-3),得 $T\left(\dfrac{\mathrm{d}^2 y}{\mathrm{d}x^2}\right)_x \mathrm{d}x = \rho \mathrm{d}x \dfrac{\mathrm{d}^2 y}{\mathrm{d}t^2}$,即

$$\frac{\mathrm{d}^2 y}{\mathrm{d}t^2} - \frac{T}{\rho}\frac{\mathrm{d}^2 y}{\mathrm{d}x^2} = 0 \tag{12-5}$$

式(12-5)是无外加策动力、阻力影响时,弦振动的偏微分波动方程,没有考虑边界和初始状态。它表明振动幅度 y 是时间 t 和位置 x 的函数,用数学物理方法中的达朗贝尔方法,可求得该泛定方程的通解为两个简谐波的合成

$$y = A_1 \cos\left(x + \sqrt{\frac{T}{\rho}}\,t\right) + A_2 \cos\left(x - \sqrt{\frac{T}{\rho}}\,t\right) \tag{12-6}$$

比较式(12-6)相位的量纲可知,时间 t 的系数是线密度为 ρ、张力为 T 的弦线上横波的传播速度

$$v = \sqrt{\frac{T}{\rho}} \tag{12-7}$$

式(12-6)中相位的量纲为长度,用振动传播一个波长 λ 的距离对应相位变化为 2π,改写式(12-6),得

$$y = A_1 \cos\left[2\pi\left(\gamma t + \frac{x}{\lambda}\right)\right] + A_2 \cos\left[2\pi\left(\gamma t - \frac{x}{\lambda}\right)\right] \tag{12-8}$$

式中,γ 为振动频率,为 $\gamma = \dfrac{1}{\lambda}\sqrt{\dfrac{T}{\rho}}$。设 $A_1 = A_2 = A$,则式(12-6)表明:入射波与反射波沿 x 轴相向传播,振幅相等、频率相同,传至弦线上相同点时,位相差恒定,合成驻波。将式(12-8)三角函数进行和差化积得

$$y = 2A \cos(2\pi\gamma t) \cos\left(2\pi \frac{x}{\lambda}\right) \tag{12-9}$$

由式(12-9)可知,入射波与反射波合成后,弦上各点 x 都在以同一频率 γ 做简谐振动,它们的振幅为 $\left|2A\cos\left(2\pi\dfrac{x}{\lambda}\right)\right|$,只与质点的位置 x 有关,与时间无关。由于波节处振幅为零,即 $\cos\left(2\pi\dfrac{x}{\lambda}\right) = 0$,也就是波节处的相位必须满足

$$2\pi \frac{x}{\lambda} = (2k+1)\frac{\pi}{2}, k = 0, 1, 2, 3, \cdots, 由此可得波节的位置为$$

$$x = (2k+1)\frac{\lambda}{4}, k = 0, 1, 2, 3, \cdots \qquad (12-10)$$

两相邻波节之间的距离为

$$\Delta x_k = x_{k+1} - x_k = \left[2(k+1)+1\right]\frac{\lambda}{4} - (2k+1)\frac{\lambda}{4} = \frac{\lambda}{2} \quad (12-11)$$

波腹处的质点振幅最大,由式(12-9)可知 $\left|\cos\left(2\pi\frac{x}{\lambda}\right)\right| = 1$,也就是波腹处的

相位必须满足 $2\pi\frac{x}{\lambda} = k\pi$, $k = 0, 1, 2, 3, \cdots$,由此可解得波腹的位置为

$$x = k\frac{\lambda}{2}, k = 0, 1, 2, 3, \cdots \qquad (12-12)$$

可见相邻的波腹间的距离也是半个波长。因此,两个波腹或波节间的距离等于半个波长,在驻波实验中,只要测得相邻两波节或相邻两波腹间的距离,就能确定该波的波长。

2) 利用共振时的驻波测量横波的传播速度

式(12-6)表明,当音叉振动时,拉动弦线振动,弦振动频率等于音叉的振动频率 γ,形成向滑轮端前进的横波,其波长为 λ,传播的速度 $v = \sqrt{T/\rho}$,该发射波遇到滑轮产生反射波,它以相同的速度 v 以相反的方向在弦线上传播。因此弦线 A 与 B 之间的横波,是两个方向相反、速度和频率相同的波的叠加而形成的驻波,如图 12-3 所示,出现明显的波腹和波节,且波腹与波节之间的距离为半个波长。当调节砝码重量改变弦线张力 T,或改变音叉端 A 点到滑轮转轴 B 点之间的线长度 l,如果 l 等于半波长 $\lambda/2$ 的整数倍,则音叉拉动弦产生的振动横波与遇到滑轮产生的反射波引起的振动叠加,出现共振。共振时,在弦线上形成稳定的振幅最大的驻波,音叉端的 A 点、弦线与滑轮接触的 B 点为驻波的节点。非共振时,A 与 B 两点不是驻波的节点。由此可知,当共振时,若弦上有 n 个半波区(波节到相邻的波节之间的区域),则波长为

$$\lambda = 2\frac{l}{n} \qquad (12-13)$$

根据波速 $v = \gamma\lambda$，有

$$v = \gamma\frac{2l}{n} \tag{12-14}$$

由上可知，当张力 T 一定，改变弦长 l，能观察到共振时的驻波，通过测量驻波个数 n 和弦长 l，代入式(12-14)，就可以计算在张力 T 作用下，波的传播速度 v。

3）弦振动和波动规律

由共振时弦线上形成的驻波可直观地看出，波动是振动的传播，振动的传播速度即波速由式(12-7)决定。波速与弦线所受张力 T 的平方根成正比，与弦线密度 ρ 的平方根成反比。将 $v = \gamma\lambda$ 代入式(12-7)，得 $\gamma\lambda = \sqrt{T/\rho}$，或

$$\lambda = \frac{1}{\gamma}\sqrt{\frac{T}{\rho}} \tag{12-15}$$

利用式(12-13)，式(12-15)又可改写成

$$\gamma = \frac{n}{2l}\sqrt{\frac{T}{\rho}} \tag{12-16}$$

分析式(12-15)可知，以一定频率 γ 振动的弦，其波长 λ 的变化规律是因张力 T 或线密度 ρ 的变化而引起的。

分析式(12-16)可知，对于弦长 l、张力 T、线密度 ρ 一定的弦，其自由振动时，由于可取 $n = 1$、2、3······ 的整数，对应的频率就有 γ_1、γ_2、γ_3······ 等多种。$n=1$ 的频率称为基频，$n=2$、3 的频率分别称为第一、第二谐频，但基频较其他谐频强得多，因此它决定波的频率，而各谐频则决定它的音色。振动体有一个基频和多个谐频的规律不只在弦线上存在，而是普遍现象。基频相同的各振动体，其各谐频的能量分布可以不同，使得音色不同，例如具有同一基频的弦线和音叉，其音调是相同的但听起来声音不同就是这个道理。

当弦线在频率为 γ 的音叉策动下振动时，适当改变 T、l 和 ρ，则与强迫力发生共振的不一定是基频，而可能是第一、第二、第三······谐频，这时弦上出现 2、3、4······个半波区。

12.4 实 验 内 容

1) 测量弦线的线密度

取一根长为 2 m 左右的弦线,先用米尺测量出弦线的长度,再用分析天平测量弦线的质量 m,求出其线密度 ρ。

2) 共振驻波的调节和波长、波速的测量

按图 12-1 组装实验装置,将弦线的一端固定在音叉的臂上,另一端跨过滑轮与砝码相连。调节起振螺钉,改变它与弹簧片之间的距离,使电振音叉起振,当振动强度达到一定的幅度时,拧紧起振调节螺钉上的锁定螺钉。

(1) 共振驻波法测量波长和波速　当张力 T 一定时,将音叉靠近滑轮,小于一个半波区时,缓慢增大音叉到滑轮之间的距离 l,观察驻波形状变化,当弦长 l 改变到等于一个半波长时,弦线上形成稳定的振幅最大的驻波,此时半波区 $n=1$,测量弦长 A 点到 B 点之间的距离 l_1。然后逐渐增大距离,观察驻波形状的变化及共振驻波从消失到形成的过程,分别测量出共振时半波区数 $n=2$、3、4、5 所对应的弦长 l_2、l_3、l_4、l_5,记入表 12-1 中。

根据式(12-13)计算波长,利用式(12-14)计算波速,频率 γ 为音叉的振动频率。

表 12-1　共振驻波法测量波长和波速

n/个	1	2	3	4	5
l/mm					
λ/mm					
v/(m/s)					

(2) 非共振驻波法测量波长和波速　当共振驻波消失时,驻波的振幅变小,A 与 B 两点不再是波节,测量此时半波区数 n 和对应的波节之间的距离 l,根据式(12-13)和式(12-14)分别计算波长和波速,频率 γ 仍为音叉的振动频率。将波长和波速的计算结果分别与共振驻波时测得的结果进行比较,说明其

差异是否显著。

（3）从以上测量中选取一组数据代入 $\gamma = \dfrac{1}{\lambda} \sqrt{\dfrac{T}{\rho}}$，计算振动频率，说明它与已知音叉频率的差异。

3）研究弦上横波的波长与张力的关系

增加砝码的质量，再细调弦长使共振出现，测出弦长 l，计算对应的波长 λ。重复测量取平均值。T 值改变 6～9 次，结果记入表 12 - 2 中。

表 12 - 2 研究张力与波长的关系

T/N								
l/mm								
λ/mm								
$v/(\mathrm{m/s})$								

对式（12 - 15）两边取对数，得 $\ln \lambda = \ln \left(\dfrac{1}{\gamma \sqrt{\rho}} \right) + \dfrac{1}{2} \ln T$，可见 $\ln \lambda$ 与 $\ln T$ 成线性关系。利用表 12 - 2 中实际测量值，作 $\ln \lambda$ - $\ln T$ 关系图线，求出图线的纵轴截距和斜率，将截距与 $\ln \left(\dfrac{1}{\gamma \sqrt{\rho}} \right)$ 相比较，斜率与 $\dfrac{1}{2}$ 相比较，说明其差异是否过大？

12.5 实验方法延伸和创新实训

（1）实验方法应用延伸实训：调琴师调音主要是通过改变弦的张力实现的。例如已知音叉频率 γ 和线密度 ρ，弦长在 25 cm 左右，若要求弦的基频与音叉共振，弦的张力 T 需要多大？如果线密度 ρ 和弦长 l 一定，通过改变弦的张力 T，如何获得想要的基频？请设计实验方案探索之。

（2）弦乐器的创新实训：应用上述实验结果分析讨论古琴、琵琶、筝、竖琴、二胡、吉他、扬琴、提琴等常用弦乐器的结构、频率的异同。自行设计制作一个弦乐器,要求：弦的长度、张力、密度能改变。

（3）实验装置创新实训：本实验是使用直流继电器改变通过线圈的电流及产生的电磁力,迫使音叉产生持续稳定的振动。设计制作用降压后的市电产生的电磁力直接迫使振动体产生持续稳定振动的装置。

第 13 章
弦音与听觉实验

弦振动而产生声音的物理规律,其典型的应用是设计制造弦乐器,如古琴、琵琶、筝、竖琴、二胡、吉他、扬琴、提琴等。早在三千多年前,我国就发明了古琴,位列中国传统文化"琴棋书画"四艺之首,成为文人吟唱时的伴奏乐器,被视为高雅文化的代表。声带是人类的主要发声器官,位于喉腔中部,左右对称,由声带肌、声带韧带和黏膜三部分组成,两声带间的矢状裂隙为声门裂。发声时,两侧声带拉紧、声门裂缩小,来自气管和肺的气流冲击声带使之振动而产生声波。不同的人或同一人的不同年龄阶段,声带的长短、松紧和声门裂的大小不同,使产生的声波频率、振幅和波形不同。耳是人类的听觉器官,分为外耳、中耳和内耳三部分。物体发出的声波通过介质传到人耳,经外耳、中耳和内耳的传导,引起耳蜗内淋巴液和基底膜纤维的振动,并由此激起听觉细胞的兴奋,产生神经冲动。冲动沿着听觉神经传到丘脑后内侧膝状体,进入大脑皮层听区,产生听觉的音高(音调)、音响(音强)和音色(音质)。本实验利用弦乐器中的吉他,进行声学和听觉实验。

13.1 实 验 目 的

（1）学习吉他的结构、物理机理和各部件的作用。

（2）掌握弦的密度和张力的测量方法。

（3）掌握测量弦线上横波的传播速度的方法,探究它与线密度和张力间的关系。

（4）区分弦线上横波与弦线振动引起薄板振动产生的纵波。

（5）了解声学物理量与听觉的关系。

（6）学会解析弦乐器、人耳、声带、扬声器、话筒的结构和功能。

13.2 实验仪器和用具

弦音实验装置如图 13-1 所示，包括吉他上的钢质弦线、磁钢、骑码、共鸣箱、薄板、释音孔、支撑弦线的劈尖、砝码、砝码盘、标尺、张力调节旋钮、弦线导轮、接线柱插孔、信号源、频率显示、电源开关、波形选择旋钮、频段选择旋钮、频率微调旋钮等。吉他上有六根钢质弦线，其中两根用砝码控制张力，张力大小可利用砝码测量；另外四根用张力调节旋钮控制张力，不能直接测量，需要用其他方法间接测量。

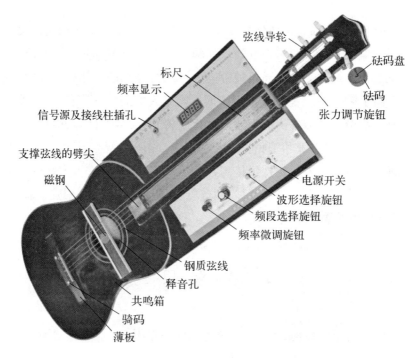

图 13-1 弦音实验装置

将钢质弦线的一端架在骑码上，与电源相连，另一端绕过弦线导轮接到波形选择旋钮，如图 13-2 所示；骑码安置在共鸣箱的薄板上；磁钢安放在钢质弦线的下面,可提供磁场,与通过钢质弦线的电流相互作用,产生安培力,安培力的大小和方向随电流的大小和方向而变化,强迫钢质弦线振动,并在钢质弦线上形成横波;磁钢所在位置对应的弦为振源,振动向两边传播,在劈尖与吉他骑码两处反射后,又沿各自相反的方向传播,形成驻波;移动磁钢的位置,将弦线振动调整到最佳状态,使弦线形成明显的驻波;钢质弦线的振动带动与之相连的薄板振动形成纵波,在共鸣箱中产生声音,通过释音孔向外传播;在钢质弦线下面,移动支撑弦线的劈尖,改变劈尖到骑码之间的距离,控制振动弦线的长度,当弦长为半波长的整数倍时,弦线上便会形成共振驻波,振幅最大且出现明显稳定的波腹和波节;砝码和张力调节旋钮用于改变弦线的张力,产生不同波长的横波;电源提供正弦波电流和脉冲电流,通过波形选择开关,改变策动力随时间的变化规律;信号源的频率由频率粗调和细调共同控制,频率大小由频率计测量和显示。

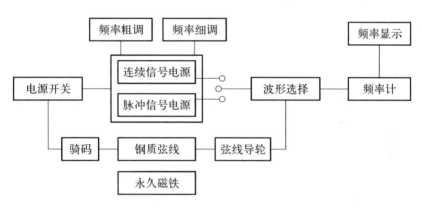

图 13-2　弦音实验装置结构示意图

13.3　实　验　原　理

　　在第 12 章的弦振动实验中,策动力是通电线圈产生的磁场直接吸引铁质音叉,形成稳定的振源,弦线是棉线,力作用在弦线的端点上,振源位置固定,频率不能改变,如图 12-1;本实验是永久磁铁的磁场与钢质弦线中的电流相互作用,产生安培力,形成稳定的振源,使钢质弦线产生振动,振源随磁铁位置的改变而改变,如图 13-1 所示,振动频率随信号源输出电压信号的频率而改变。它们的物理机制相似,遵循相同的泛定方程式(12-5),以及式(12-16)的分析结果。

1) 测量钢质弦线的密度

根据第 12 章的式(12-7) $v=\sqrt{T/\rho}$ 和式(12-14) $v=\gamma\dfrac{2l}{n}$,可得

$$\rho = T\left(\frac{n}{2l\gamma}\right)^2, \ n=1,\ 2,\ 3,\ \cdots \qquad (13-1)$$

调节信号源频率和弦长,当金属弦线在周期性的安培力激励下,发生共振干涉形成驻波时,测量支撑弦线的劈尖到骑码之间的距离 l、半波区个数 n、张力 T 和信号源频率 γ,代入式(13-1),可求得钢质弦线的密度 ρ。

由式(13-1)可知,当 T、ρ、l 一定,只有调节信号源频率 γ,才能使弦线产生共振干涉,形成振幅最大、稳定的驻波。

2) 测量钢质弦线受到的张力

改写式(13-1),可得

$$T = \rho\left(\frac{2l\gamma}{n}\right)^2, \ n=1,\ 2,\ 3,\ \cdots \qquad (13-2)$$

调节信号源频率 γ 和劈尖位置 l,当出现共振干涉形成驻波时,测量半波区数 n,代入式(13-2),可求得弦线受到的张力 T。

3) 辨别音调和音色

通过弦线带动骑码的振动,激励共鸣箱的薄板振动,薄板的振动产生纵波,引起吉他音箱的声振动,经过释音孔释放,传到人耳听到不同频率的声音和不同振动体的音色。振动幅度的大小决定振动能量的大小,听觉为声音的大小,称为声强;振动频率的大小决定振动变化快慢,听觉为声音的高低,称为音调;不同的振动物体在振动基频相同的情况下,由于谐频不同,听觉为声音的音色。

分析式(12-16) $\gamma=\dfrac{n}{2l}\sqrt{\dfrac{T}{\rho}}$ 可知,对于弦长 l、张力 T、线密度 ρ 一定的弦,其自由振动时,由于可取 $n=1$、2、3……的整数,对应的频率就有 γ_1、γ_2、γ_3……多种。$n=1$ 的频率称为基频,$n=2$、3 的频率称为第一、第二谐频,但基频较其他谐频强得多,因此它决定波的频率,而各谐频则决定它的音色。振动体有一个基频和多个谐频的规律是普遍的现象。但基频相同的各振动体,其各谐频的能量分布可以不同,所以音色不同。例如吉他上不同粗细的弦以同一

基频振动时,其音调是相同的,但听起来声音的音色不同。当弦线在频率为 γ 的策动力作用下振动时,适当改变 T、l 和 ρ,则与强迫力发生共振的不一定是基频,而可能是第一、第二、第三……谐频。

13.4　实　验　内　容

按图 13-1 和图 13-2 组装实验装置,将磁钢置于弦线之下,弦线安放在劈尖上,接好线路。

1) 频率 γ 一定,测量线密度和弦线上横波传播速度

该实验装置提供了张力由砝码控制的两种不同规格的弦线 aa′ 和 bb′。频率 γ 一定,测量这两种弦线的线密度 ρ 和传播速度。

(1) 测量 aa′ 弦线的线密度和传播速度:选择弦线 aa′ 安放在劈尖上,其张力 T 由挂在弦线一端的砝码与砝码钩的重力之和提供,以 100 g 砝码为起点逐渐增加至 180 g 为止。波形选连续波,将信号发生器输出插孔 1 与弦线 aa′ 接通。调节频率的粗调和细调旋钮,使信号源输出正弦波电流变化频率为 $\gamma =$ 240 Hz。移动劈尖位置,调节弦长 l,使弦线上出现 $n=2$、$n=3$ 个共振干涉时稳定驻波的半波区。读取相应的频率 γ、半波区 n、弦长 l 的值,将测量结果记入表 13-1 中。

表 13-1　测量弦线 aa′ 的线密度 ρ 和传播速度 $v(\gamma=240\text{ Hz})$

$T/9.8\text{ N}$	$0.100+m$		$0.120+m$		$0.140g+m$		$0.160+m$		$0.180+m$	
$n/$个	2	3	2	3	2	3	2	3	2	3
l/cm										
$\rho = T(n/2l\gamma)^2/$ (kg/m)										
$\bar{\rho}/(\text{kg/m})$										
$v=(2l\gamma/n)/(\text{m/s})$										
$\bar{v}/(\text{m/s})$										
$\bar{v}^2/(\text{m/s})^2$										

根据式(13-1)分别计算不同张力作用下弦线的线密度,根据式(13-2)分别计算不同张力作用下弦线横波传播速度。作 T-$\bar{v}^2$ 直线,由 $T=\rho v^2$ 可知,直线的斜率为弦线的线密度。比较两种不同处理方法的计算结果。

(2) 测量 bb′弦线的线密度和传播速度

将信号发生器输出插孔 1 与弦线 bb′接通,选取频率 $\gamma=200$ Hz。方法同(1)。

2) 张力 T 一定,测量弦线的线密度和传播速度

固定张力 T,改变频率 γ 分别为 200 Hz、220 Hz、240 Hz、260 Hz、280 Hz,移动劈尖,调节弦长 l,使弦线上分别出现 $n=2$、$n=3$ 个半波区。读取相应的 γ、n、l 的值,将测量结果记入表 13-2 中。根据式(13-1)求线密度,根据 $v=2l\gamma/n$ 求弦线上横波的传播速度;分析误差产生的原因。

表 13-2 测量弦线的线密度和横波传播速度(张力固定)

γ /Hz	200		220		240		260		280	
n/个	2	3	2	3	2	3	2	3	2	3
l /10^{-2} m										
$v=(2l\gamma/n)$ /(m/s)										

$\bar{v}=$ _____ (m/s),$\bar{v}^2=$ _____ (m/s)^2

$\rho=\dfrac{T}{\bar{v}^2}=$ _____ (kg/m)

3) 测量弦线张力 T

实验装置提供了四根张力由调节旋钮控制的不同规格的弦线,张力大小不能直接获知,需进行间接测量。选择由张力调节旋钮控制的弦线,与信号发生器输出插孔相连,调节频率 $\gamma=200$ Hz 左右,适当调节张力调节旋钮,同时移动劈尖改变弦长 l,使弦线上出现明显的驻波。读取相应的 γ、n、l 的值,测量结果记入表 13-3 中。根据 $T=\rho(2L\gamma/n)^2$ 计算弦线的张力。重复三次以上,比较同根弦张力的改变而引起其他物理量和听觉的变化。

表 13 - 3　测量弦线张力 T

γ/Hz	n/个	$l/10^{-2}$ m	T/N

4）辨别听觉的音量、音调、音色与物理量的振幅、频率、线密度的定性关系

（1）研究同一根弦，频率不同的情况下，记录和分析频率与听觉的音量、音调、音色变化情况。

（2）研究同一频率，弦不同的情况下，记录和分析弦的密度与听觉的音量、音调、音色变化情况。

（3）研究同一频率，弦长不同的情况下，记录和分析弦的长度与听觉的音量、音调、音色变化情况。

（4）研究同一频率，振动幅度不同的情况下，记录和分析弦的振幅与听觉的音量、音调、音色变化情况。

13.5　实验方法延伸和创新实训

（1）实验装置创新实训：本实验是通过砝码和调节旋钮两种方法控制弦线的张力，请设计制作一种能自动控制弦线张力的装置。

（2）实验装置创新实训：在用琵琶、竖琴、二胡、吉他、提琴等演奏时，是通过移动手指改变弦长 l 的；本实验是通过移动劈尖改变弦长 l 的。请设计一种机器自动改变弦乐器弦长 l 的方案。

（3）实验方法延伸实训：根据电磁相互作用规律制作的动圈式扬声器和话筒是人造的发声装置，学习分析扬声器和话筒的结构、功能及发展现状，请自行设计制作一个扬声器和话筒。

第 14 章
超声波波速测量

在第 12、13 章中，我们研究了测量横波传播速度的方法，本章将讨论测量纵波传播速度的方法。声波是能在弹性媒质中传播的纵波，正常人只能感知频率为16 赫兹(Hz)到 20 千赫兹(kHz)的声波。低于 16 Hz 的声波称为次声波或亚声波，超过 20 kHz 的声波称为超声波。由于超声波具有频率高、波长短、绕射现象小、穿透介质的本领大等特点，被广泛应用在工业、国防、生物医学等领域。例如：利用超声波测量气体、液体的浓度和密度；利用超声波测量输油管中不同油品的分界面、清洗和冲刷工件内外表面；利用超声波剪切大分子、处理种子、理疗、治癌、体外碎石等。本实验探讨超声波的产生、接收方法和纵波传播速度的测量方法。

14.1 实 验 目 的

（1）学习超声波的产生方法。
（2）了解压电陶瓷换能器的结构和功能。
（3）掌握用共振干涉法和相位比较法测量声速。
（4）进一步熟悉示波器的调节使用。
（5）通过用时差法对多种介质的测量了解声呐技术的原理及其重要的应用价值。

14.2 实 验 仪 器

声速测量实验装置如图 14-1 所示，包括声速测量组合仪、声速测定专用信号源、示波器、游标卡尺等。其中声速测量组合仪上装有四个压电陶瓷换能器、标尺、水槽。

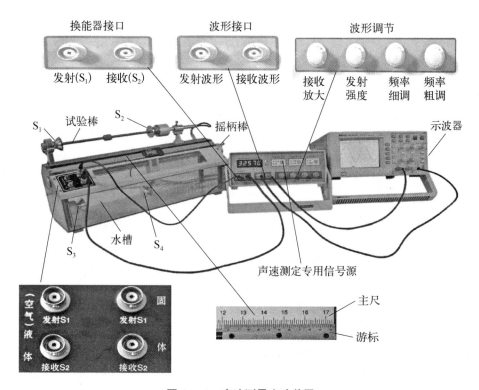

图 14‑1　声速测量实验装置

　　压电陶瓷换能器能对声压与电压之间进行相互转换,主要由压电陶瓷片、轻金属铝(做成喇叭形状,增加辐射面积)和重金属(如铁)组成,如图 14‑2 所示。压电陶瓷片由多晶体结构的压电材料锆钛酸铅制成。在压电陶瓷片的底面加上交变电压,它就会按交变电压的规律发生纵向伸缩,把电能转换为机械能,把电压信号转化为机械振动,激发纵波,如同扬声器,图 14‑1 中 S_1 和 S_3 的功能就是把信号源送来的电压信号转化为机械振动,形成纵波。压电陶瓷换能器又能在声压的作用下,将机械振动转化为电压信号,把声波信号转化为电信号,如同话筒,图 14‑1 中 S_2 和 S_4 的功能就是接收纵波,将机械振动转化为电压信号。压电陶瓷换能器在声与电的转

电流输入或输出端　　压电陶瓷片

铝外壳

图 14‑2　压电陶瓷换能器结构

化过程中信号频率保持不变。

声速测量组合仪中的四个压电陶瓷换能器分成两对,一对由 S_1 与 S_2 组成,用于测量声波在固体中的传播速度,S_1 与"固体发射 S_1"相连,位置固定;S_2 与"固体接收 S_2"相连,可以在导轨上移动,由摇柄控制。另一对由 S_3 与 S_4 组成,置于水槽中,S_3 与"(空气)液体发射 S_1"相连,不能移动;S_4 与"(空气)液体接收 S_2"相连,可以在导轨上移动,由摇柄控制。

声速测定专用信号源包括连续信号发生器、方波信号发生器、发射信号放大器、发射信号频率调节器(粗调、细调)、接收信号放大器、时间测量器,它与声速测量组合仪的连接如图 14-3 所示。发射信号频率调节器控制连续信号发

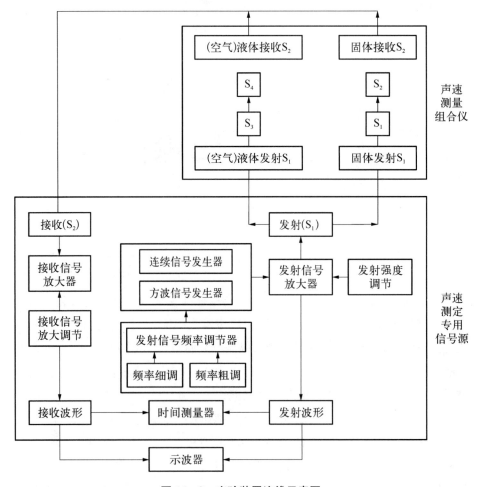

图 14-3   实验装置连线示意图

生器或方波信号发生器产生的信号频率,信号幅度由发射信号放大器调节,电流或电压信号通过接口"发射(S_1)"送到声速测量仪的"固体发射 S_1"或"(空气)液体发射 S_1",与此相对应的压电转换陶瓷管 S_1 或 S_3 把信号源送来的电流信号转化为机械振动,激发纵波,通过介质传至相对应的 S_2 或 S_4,S_2 或 S_4 将接收到的机械振动转化为电压信号,送至示波器显示电压信号随时间的变化情况。

14.3　实 验 原 理

由波动理论得知,声波的传播速度 v 与声波频率 γ 和波长 λ 之间的关系为 $v = \gamma\lambda$。所以只要测出声波的频率和波长,就可以求出声速。其中声波频率可由产生声波的电信号发生器的振荡频率读出,波长则可用共振法和相位比较法进行测量。而时差法是通过测量声音传播的距离和所需时间,计算声波的传播速度。

1) 共振法测量波长 λ

由信号源产生的正弦波电压传到压电陶瓷换能器的 S_1,驱动压电陶瓷片发射面产生机械振动,形成纵波(声波)向外发射,振动频率和声波频率与电压信号频率相等。纵波将振动经介质传播到压电陶瓷片 S_2 接收面,S_2 将接收到的入射波能量分成两部分,一部分由压电陶瓷片将机械能转换成电能,产生电压信号,其频率等于声波的频率,将它传送给示波器,示波器直接显示声波随时间变化的波形和幅度;另一部分在 S_2 的接收面产生反射波,如果 S_2 接收面与 S_1 发射面平行,入射波即在接收面上垂直反射,反射波与入射波在 S_2 接收面与 S_1 发射面之间,相互干涉形成驻波。

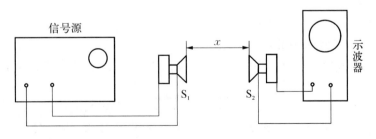

图 14-4　共振法测量波长

　　当S_2接收面与S_1发射面之间的距离x等于半波长的整数倍时,入射波与反射波发生共振干涉,出现稳定的驻波,此时S_2接收面与S_1发射面处于波节位置,受到的声压最大,在S_2接收面上激发的振动也最大,致使示波器上的波形幅度最大。根据这个因果关系,如果改变S_2接收面的位置,在示波器上观察到的波形幅度极值也会随之变化。当出现波形幅度最大时,即为共振位置,则S_2接收面的位置到S_1发射面之间的距离x等于半波长的整数倍:

$$x_1 = k\frac{\lambda}{2}, \ k = 1, \ 2, \ 3, \ \cdots \tag{14-1}$$

　　继续改变S_2接收面的位置,增大或减小x,示波器显示的波形幅度由大到小,再由小到大,呈现周期性变化,当到共振位置时,示波器上的波形幅度再次出现最大,则

$$x_2 = (k+1)\frac{\lambda}{2}, \ k = 1, \ 2, \ 3, \ \cdots \tag{14-2}$$

式(14-2)减去式(14-1),S_2接收面的位置改变量

$$\Delta x = x_2 - x_1 = (k+1)\frac{\lambda}{2} - k\frac{\lambda}{2} = \frac{\lambda}{2}$$

由此可得波长

$$\lambda = 2\Delta x \tag{14-3}$$

根据波速$v = \gamma\lambda$,可知

$$v = 2\gamma\Delta x \tag{14-4}$$

式中,频率γ与信号源输送的电压信号频率相等。由式(14-4)可知,依次测量示波器显示的波形幅度最大时,对应S_2接收面的共振位置,计算两相邻位置之差,即为Δx,由此可测得波速v。

　　2) 相位比较法测量波长λ

　　设信号源输出的电压为$V = V_0\sin\omega t$,该电压驱动S_1发射面产生的振动为

$$y_1 = y_{10}\cos\omega t \tag{14-5}$$

该振动激发声波,声波将振动传播到距S_1为x的S_2接收面,激发S_2产生对应的振动为

$$y_2 = y_{20} \cos \omega \left(t - \frac{x}{v} \right) \tag{14-6}$$

比较式(14-5)和式(14-6)的相位,可知 S_1 发射面的振动与 S_2 接收面的振动的相位差为

$$\Delta \phi = \omega \left(t - \frac{x}{v} \right) - \omega t = -\omega \frac{x}{v} \tag{14-7}$$

式中,负号表示 S_2 接收面振动的相位落后于 S_1 发射面的振动相位,v 为传播速度。若把 S_1 发射面振动的电压信号接到示波器的 x 输入(或双踪示波器的 y_1 输入),S_2 接收面振动产生的电压信号接到示波器的 y 输入(或双踪示波器的 y_2 输入),则当 S_1 与 S_2 的距离为

$$x_1 = n\lambda \tag{14-8}$$

时代入式(14-7),可得 $\Delta \phi = -\omega \dfrac{n\lambda}{v} = -2\pi f \dfrac{n\lambda}{f\lambda} = -2n\pi$,此时,在示波器上可观察到合振动为一条斜率为正的直线。同理,当 S_1 与 S_2 的距离为

$$x_2 = (2n+1)\frac{\lambda}{2} \tag{14-9}$$

时则 $\Delta \phi = -(2n+1)\pi$,在示波器上可观察到合振动为一条斜率为负的直线。当 S_1 与 S_2 的距离为其他值时,合振动为椭圆。根据物理现象的这个因果关系,移动 S_2,当其合振动为直线时,且直线的斜率正、负更替变化一次,则 S_2 移动的距离为

$$\Delta x = x_2 - x_1 = (2n+1)\frac{\lambda}{2} - n\lambda = \frac{\lambda}{2}$$

由此可得

$$\lambda = 2\Delta x \tag{14-10}$$

式(14-10)表明,移动 S_2 的位置,在示波器显示的直线斜率正、负更替变化一次时,依次测量对应的 S_2 接收面的位置,计算两相邻位置之差 Δx,代入式(14-10)可求得波长,由此可测得波速 v。

3) 时差法测量原理

时差法是根据振动的传播速度 v 是传播的距离 x 与传播时间 t 的比值来

测量波速的。

$$v = \frac{x}{t} \tag{14-11}$$

式中,距离 x 是 S_1 发射面到 S_2 接收面之间的距离,由图 14-1 的实验装置可知 x 比较容易直接测得,难测量的是传播时间 t,采用下述方法可以解决。

在正弦电压信号上再加一个脉冲调制电压,同时输送到发射换能器 S_1,如图 14-5 所示,经脉冲调制的电压信号驱动 S_1 发射面振动,产生声波,经 t 时间传播,到达相距 x 处的接收换能器 S_2 上,S_2 接收到的波形如图 14-5 所示。图 14-3 中的时间测量器将自动根据图 14-5 中的"发射换能器波形"的发射时刻与"接收换能器波形"的收到时刻,计算传播时间 t。为了避免测量 S_1 与 S_2 的实际位置,不直接测量 x,而是测量 x 的改变量 Δx 与对应的时间变化量 Δt,代入式(14-11)计算波速:

$$v = \frac{\Delta x}{\Delta t} \tag{14-12}$$

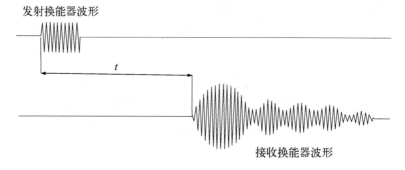

图 14-5 时差法测量波速原理

14.4 实 验 内 容

1) 实验仪器的组装和连线

按图 14-1 连线,用同轴信号电缆从专用信号源的"发射 S_1"端口连接到声速测量组合仪的"发射 S_1"端口,从声速测量组合仪的"接收 S_2"端口连接到专用信号源的"接收 S_2"端口,从专用信号源的"发射波形"端口连接到双踪示波器的"CH1 或 Y1"端口，从专用信号源的"接收波形"端口连接到示波器的"CH2 或 Y2"端口。

2）压电陶瓷换能器的谐振频率调节

压电陶瓷换能器用 S_1、S_2、S_3、S_4 来表示，其中 S_1 与 S_3 发射纵波，而 S_2 与 S_4 接收纵波。

（1）在专用信号源上，将测试方法设置为连续方式。

（2）调节双踪示波器，示波器 POWER 开关置 ON，按下 CH1 开关，调节亮度（INTENSITY）和聚焦（FOCUS）旋钮，使波形有足够的亮度和清晰度。触发源（TRIG. SOURCE）开关置 INT，触发方式（TRIG. MODE）开关置 AUTO，触发电平（TRIG.LEVEL）右旋至锁定（LOCK）状态。调节示波器的其他旋钮，直到能清楚地观察到正弦波信号。

（3）调节专用信号源上的"发射强度"旋钮，使其输出电压的峰值为 10 V 左右。

（4）将压电换能器 S_1 与 S_2 的探头靠近，按下 CH2 开关，调整信号源的频率粗调和细调旋钮，改变输出信号的频率，观察接收波的电压幅度变化，当出现电压幅度最大时，此时信号源的输出频率为 S_1 与 S_2 的谐振频率。压电换能器 S_1 与 S_2 的谐振频率为 34.5~39.5 kHz，因不同的换能器或介质而有所不同。

（5）改变压电换能器 S_1 与 S_2 的距离，当示波器的正弦波振幅最大时，再次细调信号源的输出频率，比较示波器显示的正弦波振幅是否有更大的值，如果有，记录此谐振频率。

3）共振干涉法测声速

（1）测量声波在空气中的传播速度：移动 S_2 接近 S_1，但不接触。再缓缓地移动 S_2，增大 S_1 与 S_2 之间的距离 x，观察示波器上信号振幅的变化，当出现最大信号振幅时，记下 S_2（或 S_4）的位置 x_0。继续改变接收器 S_2 的位置，增大 S_1 与 S_2 之间的距离 x，可观察到正弦波形的振幅发生周期性的变化，依次读取振幅最大时接收器 S_2（或 S_4）的位置 x_1、x_2、……、x_9，测量结果记入表 14-1 中。

用逐差法计算 $\Delta x = \dfrac{|x_{i+5} - x_i|}{5}$（$i=0, 1, \cdots, 4$），根据式（14-3）计算波长，波长的最佳值为 $\bar{\lambda} = \dfrac{\lambda_1 + \lambda_2 + \cdots + \lambda_5}{5}$，波长标准偏差为

$$\Delta\lambda = \sqrt{\frac{(\bar{\lambda}-\lambda_1)^2 + (\bar{\lambda}-\lambda_2)^2 + \cdots + (\bar{\lambda}-\lambda_5)^2}{4}}$$

波速的误差为 $\Delta v = f\Delta\lambda + \bar{\lambda}\Delta f$，$\Delta f$ 取信号源显示的频率最后一位的一半。最后将计算结果表示成 $\bar{v}\pm\Delta v$ 的形式。

表 14‑1　共振干涉法测量声波在空气中的传播速度

共振时的位置	x_0/mm	x_1/mm	...	x_9/mm
S_2 的位置				
Δx				
$\lambda = 2\Delta x$				
$\bar{\lambda}$				
$\Delta\lambda$				
$\bar{v} = f\bar{\lambda}$				
Δv				
$\bar{v}\pm\Delta v$				

（2）测量声波在液体中的传播速度：在储液槽中注入液体，直至将换能器完全浸没，但不能超过液面线。将专用信号源上的"声速传播介质"置于"液体"位置，换能器的连接端应在接线盒上的"液体"专用插座上。

测量液体声速时，由于在液体中声波的衰减较小，因而存在较大的回波叠加，并且在相同频率的情况下，其波长 λ 要大得多。

其他操作、数据记录和处理与测量声波在空气中的传播速度一致。

4）相位比较法测声速

（1）相位比较法测量声波在空气中的传播速度：在共振干涉法测量波速的基础上，将专用信号源上的"声速传播介质"置于"液体"位置，将示波器显示的 y‑t 模式改为 x‑y 模式，由于发射波与接收波的频率相同，即可观察到椭圆或直线。将 S_2 移向接近 S_1 的位置；再缓缓地移动 S_2，远离 S_1，增大 S_1 与 S_2 之间

的距离 x，观察示波器上图形的变化。当示波器屏上出现斜率为正的直线时，记下 S_2（或 S_4）的位置 x_0；继续改变接收器 S_2 的位置，增大 S_1 与 S_2 之间的距离 x，依次记下示波器上出现直线斜率负、正时对应的 S_2（或 S_4）的位置 x_1、x_2…… x_9，测量结果记入表 14 - 2 中。

表 14 - 2　相位比较法测量声波在空气中的传播速度

图像为直线时的位置	x_0/mm	x_1/mm	...	x_9/mm
S_2 的位置				
Δx				
$\lambda = 2\Delta x$				
$\bar{\lambda}$				
$\Delta \lambda$				
$\bar{v} = f\bar{\lambda}$				
Δv				
$\bar{v} \pm \Delta v$				

用逐差法计算 $\Delta x = \dfrac{|x_{i+5} - x_i|}{5}$ $(i = 0, 1, \cdots, 4)$，根据式（14 - 10）计算波长，波长的最佳值为 $\bar{\lambda} = \dfrac{\lambda_1 + \lambda_2 + \cdots + \lambda_5}{5}$，波长标准偏差为

$$\Delta\lambda = \sqrt{\frac{(\bar{\lambda} - \lambda_1)^2 + (\bar{\lambda} - \lambda_2)^2 + \cdots + (\bar{\lambda} - \lambda_5)^2}{4}}$$

波速的误差为 Δv，最后测量结果为 $\bar{v} \pm \Delta v$。

（2）相位比较法测量声波在液体中的传播速度：操作、数据记录和处理与相位比较法测量声波在空气中的传播速度一致。

5）时差法测量声速

将信号源上的测试方法设置到脉冲波方式，将 S_1 和 S_2 之间的距离调到 50 mm 左右，调节接收增益，使示波器上显示的接收波信号幅度在 400 mV 左

右,以使计时器在最佳状态工作。

(1) 时差法测量声波在空气中的传播速度:将信号源面板上的介质选择键切换至"气体"。缓缓地移动 S_2,增大 S_1 与 S_2 之间的距离 x,读取 S_2 的位置 x_0 的值和声速测试仪信号源时间显示窗口显示的时间值 t_0。S_2 每移动 $10.00\ mm$,读取相应的位置和对应的时间。将测量结果记入表 14-3 中。

用逐差法计算 $\Delta x = |x_{i+5} - x_i|$,$\Delta t = |t_{i+5} - t_i|$,其中 $i = 0, 1, \cdots, 4$。根据式(14-12)计算波速,波速的最佳值为 $\bar{v} = \dfrac{v_1 + v_2 + \cdots + v_5}{5}$,波速的标准偏差为

$$\Delta v = \sqrt{\frac{(\bar{v} - v_1)^2 + (\bar{v} - v_2)^2 + \cdots + (\bar{v} - v_5)^2}{4}}$$

最后测量结果为 $\bar{v} \pm \Delta v$。

表 14-3 时差法测量声波在空气中的传播速度

位置改变量	x_0/mm	x_1/mm	...	x_9/mm
S_2 的位置				
Δx				
$t(s)$				
Δt				
v				
$\bar{v}$				
Δv				
$\bar{v} \pm \Delta v$				

(2) 时差法测量声波在液体中的传播速度:将信号源面板上的介质选择键切换至"液体",操作方法、数据记录和处理与(1)相同。

(3) 时差法测量声波在固体中的传播速度:将信号源面板上的介质选择键切换至"固体"。测量非金属(有机玻璃棒)、金属(黄铜棒)固体介质时,将专

用信号源上的"测试方法"置于"脉冲波"位置,"声速传播介质"按测试材质的不同,置于"非金属"或"金属"位置。

先将发射换能器 S_1 尾部的连接插头从接线盒的插座拔出,将待测的测试棒的一端面小螺柱旋入接收换能器 S_2 的螺孔内,再将另一端面的小螺柱旋入发射换能器 S_1 上,使固体棒的两端面与两换能器的平面可靠、紧密接触。然后把发射换能器 S_1 尾部的连接插头插入接线盒的插座中,即可开始测量。其传播时间由专用信号源窗口读出,距离即为不同材质待测棒的长度,可用游标卡尺测量。

测量过程中,调换测试棒时,应先拔出发射换能器 S_1 尾部的连接插头,然后旋出发射换能器 S_1 的一端,再旋出接收换能器 S_2 的一端。

14.5　实验方法延伸和创新实训

（1）延伸压电陶瓷换能器的作用:在本实验中,用电压信号驱动一个压电陶瓷换能器振动产生纵波,另一个压电陶瓷换能器接收波动,并将它转换成电压信号,表明压电陶瓷换能器既能将电压信号转换成波动,又能将波动转换成电压信号。波在不同介质的交界面处,或同种介质不同密度处,会产生反射波。利用波的这个性质,应用一个压电陶瓷换能器,设计制作一种探测材料内部结构是否存在杂质和缺陷的工具。

（2）压电陶瓷换能器应用创新实训:在日常生活中,我们利用洗涤剂的表面活性剂清洗衣物,对环境会造成一定的污染。超声波能使作为介质的液体密度发生变化,产生空化的微气泡,空化的微气泡撞击、剥离物体表面上的污物,达到清洗目的,因此,超声波清洗方法在工业清洗盲孔和几何形状复杂的物体中,得到广泛应用。请利用压电陶瓷换能器产生超声波,设计制作一个清洗和冲刷器。

（3）测量声速实验装置的创新实训:本实验的压电陶瓷换能器产生的声波是超声波,而日常生活中用的扬声器产生的声波是可闻声波。请选用日常生活中的扬声器和话筒,设计制作一种测量可闻声波传播速度的实验装置,并比较超声波和可闻声波在相同密度同种介质中的传播速度是否相等。

第 15 章
金属丝杨氏弹性模量的测定

在工程设计制造选材过程中,例如设计制造支撑大桥的桥墩、悬吊电风扇的杆、悬挂缆车的钢丝绳等,都要考虑材料和材料的杨氏模量。杨氏模量是由英国医生兼物理学家托马斯·杨(Thomas Young,1773—1829)于 1807 年提出而命名的,是描述材料本身力学性质的一个物理量。根据胡克定律,物体在纵向的弹性限度内,应力与应变成正比,两者的比值称为材料的杨氏模量。杨氏模量越大,材料在纵向越不容易发生形变,反映了材料的纵向刚性,是机械构件选材时必须测量的物理量和重要参数。本实验介绍一种测量金属丝杨氏弹性模量的方法。

15.1 实 验 目 的

(1) 学习胁强、胁变、材料纵向的弹性模量及相互关系。
(2) 掌握"光杠杆镜"结构及其测量微小长度变化的原理。
(3) 学会用"对称测量"消除系统误差。
(4) 学习依据物理量大小选择测量工具,估算系统误差。
(5) 进一步掌握用逐差法、作图法处理实验数据。

15.2 实 验 仪 器

杨氏模量测量装置如图 15-1 所示,包括支架、光杠杆、望远镜,其中支架上有固定待测钢丝的横梁、安放光杠杆的平台、加减砝码的钩码、底座和水平调节旋钮；光杠杆由前足、后足和平面镜组成；固定望远镜的支架上有刻度尺。用螺旋测微器测量钢丝的直径，用游标卡尺测量光杠杆前、后足之间的距离，用米尺测量望远镜的标尺到平面镜之间的距离、钢丝的原长。

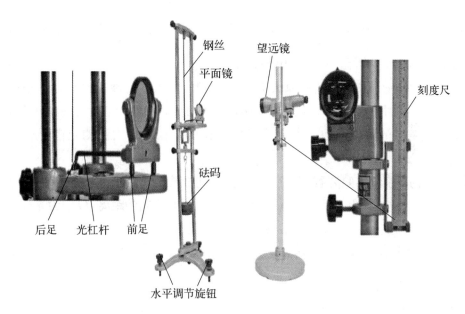

图 15‑1　杨氏模量实验装置

15.3　实　验　原　理

当物体受到外力的作用时，物体的运动状态及形状都可能发生改变。当形变不超过某一限度时，外力消失后能恢复原形，这种形变称为弹性形变。物体发生弹性形变时，内部产生致使恢复原状的力称为内应力。

设均匀棒状（或线状）材料（如钢丝）的截面积为 S，长度为 L_0，当受拉力 F 拉伸时，伸长了 ΔL，其横截面上的单位面积所受到的拉力 $\dfrac{F}{S}$ 称为应力，而单位长度的伸长量 $\dfrac{\Delta L}{L}$ 称为应变。根据胡克定律，在弹性形变范围内，钢丝应变与它所受的应力成正比 $\dfrac{F}{S}=Y\dfrac{\Delta L}{L_0}$。式中 Y 取决于固体材料的性质,反映了材料形变和内应力之间的关系,称为杨氏弹性模量,即

$$Y=\frac{FL_0}{S\Delta L} \qquad\qquad (15-1)$$

式中,$S=\dfrac{1}{4}\pi d^2$,d 为钢丝直径。由式(15-1)可知,杨氏弹性模量 Y 由等式右边的四个物理量决定,其中外力 F 由所挂砝码的重量决定;钢丝直径 d 用螺旋测微计测量;钢丝的原长 L_0 用米尺测量,这些物理量比较容易精确测得。但其中的 ΔL 非常微小,不能用常规的测量长度的工具精确测量,是需要解决的关键问题。本实验采用经典的光杠杆放大法测定微小长度改变量 ΔL。

将杨氏模量实验装置图 15-1 简化为光杠杆测微小长度变化量的原理图 15-2。图中 M 为平面反射镜,b 是光杠杆前后足之间的距离,O 端为光杠杆 B 的前足,是固定在平台上的不动端,而 B 的后足安置在被测钢丝上,随钢丝的伸长、缩短而下降、上升,从而带动与 B 相连的 M 镜方向的改变。

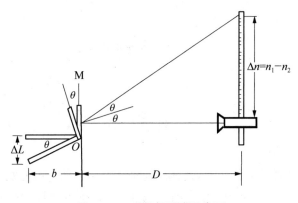

图 15-2 光杠杆原理示意图

设钢丝原长为 L_0 时,通过望远镜观察标尺刻度在 M 镜中的像,该像与目镜十字叉丝对齐的读数记为 n_1;而当钢丝受力伸长 ΔL,与之相连的光杠杆后足也跟着下降 ΔL,光杠杆相应旋转 θ 角,与光杠杆前足相连的 M 镜的法线也旋转 θ 角,此时从望远镜看到与十字叉丝对齐的标尺刻度变为 n_2,前后对应的

标尺读数变化量为 $\Delta n = n_1 - n_2$，Δn 对应平面镜的张角为 2θ。由图 15-2 的几何关系可知

$$\tan\theta \approx \theta = \frac{\Delta L}{b} \tag{15-2}$$

$$\tan 2\theta \approx 2\theta = \frac{|n_2 - n_1|}{D} = \frac{\Delta n}{D} \tag{15-3}$$

则

$$\Delta L = \frac{b}{2D}\Delta n \tag{15-4}$$

将 $S = \frac{1}{4}\pi d^2$ 和式(15-4)代入式(15-1)，得

$$Y = \frac{8FL_0 D}{\pi d^2 b \Delta n} \tag{15-5}$$

式(15-4)中的 $\dfrac{b}{2D}$ 的倒数 $\dfrac{2D}{b}$ 是光杠杆镜的放大倍数，由于 $D \gg b$，所以 $\Delta n \gg \Delta L$，从而实现了对微小量的线性放大，提高了 ΔL 的测量精度。这种微小长度变化的放大方法，具有性能稳定、精度高、线性放大等优点，可应用于其他的力学实验测量中，如热胀冷缩而引起的长度变化的测量。

特别要指出的是，物体发生弹性形变时普遍存在弹性滞后效应，当钢丝受到拉伸力作用时，并不能立即伸长到应有的长度 L_i $(L_i = L_0 + \Delta L_i)$，而只能伸长到 $L_i - \delta L_i$；同样，当钢丝受到的拉伸力减小时，也不能马上缩短到应有的长度 L_i，仅缩短到 $L_i + \delta L_i$。因此实验测量结果并非金属丝应有的伸长或收缩的长度。为了消除弹性滞后效应的影响，采用逐一增加砝码测量对应的伸长量，然后又逐一减少砝码测量对应的缩短量，对同一拉力，取改变量的平均值，则可消除滞后量 δL_i 的影响，即

$$\overline{L_i} = \frac{1}{2}[L_{增} + L_{减}] = \frac{1}{2}[(L_0 + \Delta L_i - \delta L_i) + (L_0 + \Delta L_i + \delta L_i)]$$

$$= L_0 + \Delta L_i$$

15.4 实 验 内 容

1) 钢丝安装和测量

将钢丝固定在横梁的上端并安放光杠杆后足的下端,转动这两端的固定螺钉,夹紧钢丝。根据待测钢丝的粗细,用相应的砝码挂在钢丝下端,将钢丝拉直,作为原长 L_0,用米尺测量其大小,注意钢丝起始位置的固定点;用螺旋测微计在钢丝的不同部位测 3～5 次直径,取其平均值,要注意记下螺旋测微计的零位误差。测量结果记入表 15－1 中。

表 15－1　长度测量结果(单位: mm)

待测物理量	第一次	第二次	第三次	第四次	第五次	$\bar{x}$	S	$\Delta_{仪}$	Δ	$\bar{x} \pm \Delta$
d										
L_0										
b										
D										

2) 水平调节

调节杨氏模量支架底盘下面的 3 个水平调节旋钮,同时观察放置在光杠杆平台上的水准仪,直至气泡处于中间,则平台为水平状态,钢丝处于铅直状态。

3) 调节光杠杆

将光杠杆镜放在平台上,两前脚放在平台横槽内,后脚放在固定钢丝圆柱形套管端面上。调节光杠杆的平面镜,使镜面处于竖直状态,如图 15－2 所示。

4) 望远镜和标尺的位置、高度、方向调节是本实验操作的难点

(1) 因为本实验观测的是平面镜中标尺的成像,只有成像在望远镜的焦点附近才可观测到较为清晰的画面。因此,首先调节望远镜观测到任意物体的清晰画面,并用米尺测量出望远镜的焦距 f。随后,调节望远镜与平面镜距离 D 使其满足 $2D = f$。

（2）在平面镜的正对面，移动眼睛，从平面镜中找到眼睛的像，保持眼睛位置高度不变，将望远镜和标尺移到眼睛所在位置。

（3）松开望远镜和标尺固定螺钉，调节望远镜和标尺的高度、角度与眼睛位置等高、方向一致，使能在平面镜中观察到望远镜物镜和标尺的像。

（4）先调望远镜焦距，从望远镜的目镜中能观察到远处物清晰的像。再从望远镜筒上方沿镜筒轴线瞄准光杠杆镜面，调节望远镜在固定架上的位置。然后再从望远镜的目镜观察，先调节目镜使十字叉丝清晰，微调望远镜的角度和位置直至从望远镜里看到标尺刻度的像。如果像不清晰，缓缓旋转调焦手轮，使物镜在镜筒内伸缩，直至标尺刻度的像清晰为止。这一步是本实验操作的难点，要充分利用平面镜和望远镜成像规律指导自己的操作。

5）测量钢丝微小长度变化

在测读钢丝伸缩变化的整个过程中，不能碰动望远镜及其安放的桌子；增减砝码时，砝码不能碰到光杠杆镜。记下钢丝伸直时的读数 n_0 作为开始的基数。然后每加上一个砝码读取一次数据，依次记下钢丝拉伸过程中的读数变化 n_0、n_1、n_2、n_3、n_4、n_5、n_6、n_7……将数据记入表 15 - 2 中。随后再逐一撤掉砝码，依次读取钢丝收缩过程中相应数据 ……n_7'、n_6'、n_5'、n_4'、n_3'、n_2'、n_1'、n_0'。在加、减砝码时，应轻放轻拿，避免钢丝产生较大幅度摆动。加（或减）砝码后，钢丝会有一个伸缩的微振动，要等钢丝渐趋平稳后再读数。测量结果记入表 15 - 2 中。

6）测量光杠杆镜前后脚距离 b

把光杠杆镜的三只脚在白纸上压出凹痕，用直尺画出两前脚的连线，再用游标卡尺量出后脚到该连线的垂直距离。测量结果记入表 15 - 1 中。

7）测量光杠杆镜面到标尺的距离 D

用米尺测量光杠杆镜面到望远镜标尺的距离，这是本实验误差最大的量，请仔细思考如何测准。测量结果记入表 15 - 1 中。

8）处理表 15 - 1 的测量结果

由表 15 - 1 可知：最佳值（算术平均值）$\bar{x} = \dfrac{x_1 + x_2 + \cdots + x_5}{n}$（mm）；

A 类不确定度 $S = \sqrt{\dfrac{(\bar{x} - x_1)^2 + (\bar{x} - x_2)^2 + \cdots + (\bar{x} - x_5)^2}{n - 1}}$（mm）；B 类

不确定度 $\Delta_{\text{仪}}$ 取所用测量工具的最小分度值的一半；合成不确定度 $\Delta = \sqrt{\Delta_{\text{仪}}^2 + S^2}$ (mm)；测量结果为 $x \pm \Delta$ (mm)；螺旋测微计和游标卡尺要考虑零位误差。

9) 处理表 15 - 2 的测量结果

表 15 - 2　钢丝伸缩量的测量结果

砝码数量	拉力 F	标尺读数/cm			$\Delta\bar{n} = \dfrac{\bar{n}_{n+4} - \bar{n}_n}{4}$	$\Delta\bar{n}$ 的误差 Δ_n
		拉力增加 n_i	拉力减小 n'_i	$\bar{n} = \dfrac{n_i + n'_i}{2}$		
0						
1						
2						
3						
4						
5						
6						
7						

将表 15 - 1 和表 15 - 2 的平均值代入式(15 - 5)，得杨氏模量的最佳值

$$\bar{Y} = \frac{8\bar{F}\bar{L}_0\bar{D}}{\pi\bar{d}^2\bar{b}\Delta\bar{n}}$$

式中，力的单位用牛顿(N)，长度单位用米(m)。由式(15 - 5)可得杨氏模量的相对误差传递合成式为

$$E = \sqrt{\left[\frac{\Delta_F}{\bar{F}}\right]^2 + \left[\frac{\Delta_L}{\bar{L}_0}\right]^2 + \left[\frac{\Delta_D}{\bar{D}}\right]^2 + \left[\frac{2\Delta_d}{\bar{d}}\right]^2 + \left[\frac{\Delta_b}{\bar{b}}\right]^2 + \left[\frac{\Delta_n}{\Delta\bar{n}}\right]^2}$$

杨氏模量的不确定度为 $\bar{\Delta}_Y = E\bar{Y}$；最后得杨氏模量的测量结果为 $Y = \bar{Y} \pm \bar{\Delta}_Y$ (N/m^2)。

15.5　实验方法延伸和创新实训

（1）调查材料科学发展现状和材料在经济建设中的地位。

（2）光杠杆的应用延伸：本实验利用光杠杆与望远镜组合，测量金属丝微小长度的变化，同样可以用光杠杆和望远镜配合测量面和体形的微小变化。请设计制作测量水面波动和桌面形变的实验装置。

（3）测量微小长度的方法创新：光杠杆是利用加长光路对微小长度进行放大；游标卡尺是利用游标相邻刻度线的距离与主尺相邻刻度线的距离的差值放大微小长度；螺旋测微器是利用螺纹间距和圆周长区分微小长度；显微镜是利用光学成像规律放大微小物体。我们还可以利用光的干涉条纹变化和波长度量微小长度，请利用光的劈尖干涉产生的条纹变化设计制作测量微小长度的实验装置。

第 16 章
扭动法测定切变模量和转动惯量

切变模量也称剪切模量,与杨氏模量同属材料的弹性模量。杨氏模量反映材料的纵向力学性能,而切变模量反映材料的切向力学性能,也是设计制造机械构件选材时的重要参数。例如设计制造车轴、电动机转子等选择材料时,就必须考虑材料的切向力学性能。切变模量是材料在剪切应力作用下,在弹性变形比例极限范围内,切应力与切应变的比值,该比值越大,材料抵抗切应变的能力越强,即切向刚性强,切向越不容易形变。本实验介绍一种测量金属丝切变弹性模量的方法及应用。

16.1 实 验 目 的

(1) 观察生活中的切变现象,理解物体的切应力、切应角和切变模量的概念。

(2) 学习棒状材料切变动力学方程的建立。

(3) 掌握用扭动法测量棒状材料的切变模量的方法。

(4) 掌握用扭动法测量物体的转动惯量的方法。

16.2 实 验 仪 器

扭动法实验装置如图 16-1 所示,包括支架、钢丝、圆盘、圆环、锁紧旋钮、光电门、计时计数器、游标卡尺、螺旋测微计、米尺。待测钢丝上端固定在支架上,由锁紧旋钮控制,下端与圆盘相连。圆环的转动惯量根据理论计算。光电门与计时计数器配合,测量转动周期和次数。

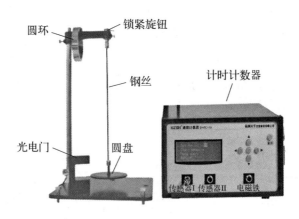

图 16 - 1　扭摆实验装置

16.3　实 验 原 理

1) 切变模量

设长方体的下表面固定,平行于底面的截面积为 S,外力 F 作用在物体的上表面 S,如图 16 - 2 所示,则物体发生形变,成为斜的平行六面体,这种切向形变称为切变,剪切应力为 $\dfrac{F}{S}$。出现切变后,距底面不同距离处的绝对形变不同,图中的 $\overline{AA'} > \overline{BB'}$;而相对形变相等,即 $\dfrac{\overline{AA'}}{OA} = \dfrac{\overline{BB'}}{OB} = \tan\varphi$,由于式中切变角 φ 很小,可用 φ 代替 $\tan\varphi$ 的值。实验表明,在一定限度内的切变角与切应力 $\dfrac{F}{S}$ 成正比,即

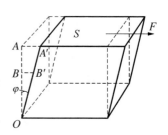

图 16 - 2　切变角和切应力

$$\frac{F}{S} = G\varphi \qquad\qquad (16-1)$$

式中,比例系数 G 称为切变模量,单位为 $N \cdot m^{-2}$。

2) 钢丝的扭转力矩与切变模量的关系

设图 16-1 中的钢丝半径为 R、长为 l,上端面固定于支架上的 O_1,其下端面施以扭转力矩 M,使其对中心轴 O_1O_2 扭转 θ 角,如图 16-3 所示。分析其中距上端面 z 到 $z+dz$、距中心轴为 r 到 $r+dr$ 圆环的一段 $\overline{abcdefgh}$,如图 16-4所示。在钢丝扭转 θ 角后成为 $\overline{a'b'c'd'e'f'g'h'}$,此时切变角 φ 是 $abfe$ 面和 $a'b'f'e'$ 面所夹之角。

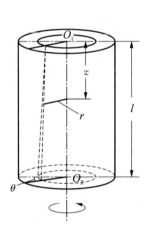

图 16-3 钢丝扭转示意图   图 16-4 钢丝体元扭转形变示意图

设此小部分的上端面和下端面的扭转角分别为 ψ 和 $\psi+d\psi$,则切变角为

$$\varphi = \frac{r\,d\psi}{dz} \tag{16-2}$$

因为钢丝扭转产生的形变是均匀的,所以式 $\dfrac{d\psi}{dz}=\dfrac{\theta}{l}$,代入式(16-2),得切变角

$$\varphi = \frac{r\theta}{l} \tag{16-3}$$

该切变角对应下端面半径 r、厚 dr 的圆管面积 $dS=2\pi r\,dr$,与式(16-3)一并代入式(16-1),可知作用在该下端面元的力的大小为

$$dF = \varphi G\,dS = 2\frac{r\theta}{l}G\pi r\,dr = \frac{2\pi G\theta}{l}r^2\,dr \tag{16-4}$$

$\mathrm{d}F$ 对应的力臂为 r，产生的扭转力矩大小为

$$\mathrm{d}M = r\,\mathrm{d}F = \frac{2\pi G\theta}{l}r^3\,\mathrm{d}r \qquad (16-5)$$

所以钢丝整个下端面受到总的扭转力矩大小为

$$M = \int \mathrm{d}M = \frac{2\pi G\theta}{l}\int_0^R r^3\,\mathrm{d}r = \frac{\pi GR^4}{2l}\theta \qquad (16-6)$$

式中，$\dfrac{\pi GR^4}{2l}$ 对于一定的钢丝是定值，称为钢丝的扭转系数

$$\eta = \frac{\pi GR^4}{2l} \qquad (16-7)$$

式(16-7)表明钢丝越长，即 l 越大，η 越小，钢丝越容易被扭转；钢丝越粗，即 R 越大，η 越大，钢丝越不容易被扭转。改写式(16-6)，得

$$G = \frac{2lM}{\pi R^4\theta} \qquad (16-8)$$

由式(16-8)可知，测出钢丝的半径 R、长 l、在力矩 M 作用下的扭转角 θ，就可间接算出钢丝的切变模量 G。扭力床测量切变模量就是根据此式设计制造的。但图 16-1 的实验装置无法测量力矩 M 及其作用下的扭转角 θ，所以不能直接用式(16-8)测量切变模量，需在式(16-6)的基础上，通过测量转动周期的方法实现。

3) 扭摆法测量切变模量

将钢丝的上端固定，下端连接一转动惯量为 I 的圆盘，构成扭摆，如图 16-1 所示。以钢丝为轴将圆盘扭转一小角度后松开，圆盘将在钢丝扭转力矩 M 的作用下转动。根据刚体的转动定律 $M = -I\dfrac{\mathrm{d}^2\theta}{\mathrm{d}t^2}$，式中 M 由式(16-6)决定，由此可得圆盘扭转的动力学方程为

$$\frac{\mathrm{d}^2\theta}{\mathrm{d}t^2} + \frac{\pi GR^4}{2Il}\theta = 0 \qquad (16-9)$$

式(16-9)表明圆盘做简谐转动，其解为 $\theta = \theta_0\cos(\omega t + \phi)$，转动的角频率 $\omega =$

$\sqrt{\dfrac{\pi G R^4}{2Il}} = \dfrac{2\pi}{T}$，由此可知转动的周期为

$$T = 2\pi \sqrt{\frac{2Il}{\pi G R^4}} \tag{16-10}$$

改写式(16-10)，可知切变模量为

$$G = \frac{8\pi lI}{R^4 T^2} \tag{16-11}$$

如果扭摆的圆盘及连接物的转动惯量 I_1 已知，则测出扭摆的周期，就能求出钢丝的切变模量。但如果圆盘和连接物复杂，I_1 未知，可分两步进行，先测出圆盘及连接物的转动惯量为 I_1 时的转动周期 T_1，代入式(16-10)，得

$$T_1^2 = \frac{8\pi lI_1}{G R^4} \tag{16-12}$$

再在圆盘加上绕质心轴转动惯量为 I_2 的已知物体，如图 16-1 中的圆环，形状规则，通过理论计算可得其转动惯量 $I_2 = \dfrac{1}{8} m (D_{外}^2 + D_{内}^2)$，式中 $D_{内}$ 与 $D_{外}$ 分别为圆环的内外直径，测量系统总的周期 T_2，代入式(16-10)，得

$$T_2^2 = \frac{8\pi l(I_1 + I_2)}{G R^4} \tag{16-13}$$

由式(16-13)减式(16-12)，消去 I_1，得

$$G = \frac{128\pi lI_2}{d^4 (T_2^2 - T_1^2)} \tag{16-14}$$

式中，钢丝直径 $d = 2R$。测出钢丝的直径 d、长度 l、圆盘及连接物的转动周期 T_1、圆盘和连接物加上圆环总的周期 T_2，代入式(16-14)，可求得钢丝的切变模量 G。

16.4　实　验　内　容

(1) 按图 16-1 安装实验装置。将钢丝上端固定在支架上，下端与圆盘相连，并拧紧旋钮。连接光电门与计时计数器，调节光电门位置，使圆盘上的挡光

杆处于光电门中央,且能挡光。

（2）用米尺测量钢丝上固定端到下固定端之间的距离 l,用螺旋测微计测量钢丝的直径 d,用游标卡尺测量圆环的内外直径 $D_内$ 与 $D_外$,用天平测量圆环的质量 m。重复测量 5 次,将测量记入表 16-1 中。

（3）转动圆盘,测量圆盘和连接物的转动周期 T_1,重复 5 次,测量结果记入表 16-1 中。

（4）加上圆环,测量圆盘、连接物和圆环总的转动周期 T_2,重复 5 次,测量结果记入表 16-1 中。

（5）取走圆环,在圆盘上安放待测物体,测量系统总的转动周期 T_x,代入式（16-14）,求待测物体的转动惯量。

表 16-1　扭摆法测量切变模量结果

测量项目	L/mm	D/mm	$D_内$/mm	$D_外$/mm	m/g	T_x/s	T_1/s	T_2/s
第一次								
第二次								
第三次								
第四次								
第五次								
$\bar{x}$								
S_A								
$S_仪$								
S								
$\overline{G} = \dfrac{128\pi l\, \overline{I_2}}{\overline{d}^4(\overline{T_2^2} - \overline{T_1^2})}$								
用误差传递方法求 G 的相对误差 E								
$\Delta G = E\overline{G}$								
$G = \overline{G} \pm \Delta G$								

16.5　实验方法延伸和创新实训

（1）实验装置优化实训：在式（16-9）中，扭转角 θ 是没有限制的，而实际实验时应该有不超过材料弹性限度的制约，例如已知铜的切变模量为 $G = 4.83 \times 10^{10}$ N·m^{-2}，弹性限度为 $\alpha = \dfrac{F}{S} = 3 \times 10^{7}$ N·m^{-2}，求用一长 $l = 1$ m，半径 $R = 2$ mm 的圆铜棒做扭转实验时，为了不超过弹性限度，扭转角 θ 不应超过多少？请用式（16-1）和式（16-3）推导材料最大扭转角 θ 与切变模量、弹性限度、长度、直径的关系，并设计制作测量 2.5 mm^2 铜导线的切变模量的实验装置，探讨对选取圆盘和圆环质量大小、转动惯量大小的要求。

（2）实验装置用途延伸：本实验装置的基本功能是用扭动法测量金属材料的切变模量，我们将它延伸到测量转动惯量，请继续延伸它的功能，设计验证平行轴定理的实验方案。

（3）应用创新，判别材料的种类和组成成分：密度、杨氏模量、切变模量都是材料的重要属性，根据材料的密度可以判断物体所含材料的种类和组成成分。请调查材料的杨氏模量和切变模量与材料密度的关系，设计通过测量物体的杨氏模量和切变模量判别物体所含材料种类和成分的实验方案。

第 17 章
金属的应变效应及应用研究

在日常生活中,我们拉压橡皮泥、橡皮筋,会明显感觉到它们的形变,但拉压桌子时,由于桌子形变太小而难以察觉它的形变。研究发现当外力拉丝状物体时,它会发生伸长形变,当外力压物体时,它会发生缩短形变。长度的伸长或缩短会导致它的横截面变细或变粗,从而引起导电能力的变化,这种由于外力改变了物体的长度和横截面积而引起电阻变化的物理现象,称为应变效应。例如当金属电阻丝受到轴向拉力时,其长度增加而横截面变小,引起电阻增加;反之,当它受到轴向压力时,其长度减小而横截面变大,则导致电阻减小。

应用物体的应变效应制作成电阻随形变而变化的应变片,称为电阻应变片。电阻应变片有丝片、箔片两种结构,其中的金属电阻应变片由保护片、感应栅、基底和引线四部分组成。感应栅由应变灵敏系数比较大的电阻丝制成,当金属电阻丝受外力作用时,其长度和截面积都发生了变化,从而改变了电阻丝的电阻值。由电阻的变化可推算金属丝的应变情况,由应变情况可推算受到外力的大小,由外力大小可推算质量、应力、力矩、位移、加速度、扭矩等物理量的大小。因此,利用应变片可进一步设计制作测量质量、应力、力矩、位移、加速度、扭矩等物理量的电阻压力传感器。

力学传感器有电阻应变压力传感器、压阻式压力传感器、电感式压力传感器、谐振式压力传感器、电容式压力传感器及电容式加速度传感器等。其中,电阻应变压力传感器主要有电阻应变片、半导体应变片两类。由于电阻丝在外力的作用下产生的长度和横截面积的变化很小,引起电阻的变化亦小,本实验研究如何精确测量金属电阻应变片电阻的微小变化,并设计制作应变传感器和电子秤。

17.1 实 验 目 的

(1) 学习金属电阻应变片的结构、原理和各部件的作用。

(2) 掌握金属箔式应变片的应变与电阻的变化关系。

(3) 掌握单臂直流非平衡电桥的工作原理和性能。

(4) 学会应用应变效应,设计制作应变传感器和电子秤。

17.2 实验仪器和用具

实验装置包括电阻应变片、悬臂式应变梁、砝码、托盘、数字电压表、±15 V 电源、±5 V 电源、万用表、差动放大器,如图 17 - 1 所示。其中电阻应变片有丝片、箔片两种结构,如图 17 - 2 所示。

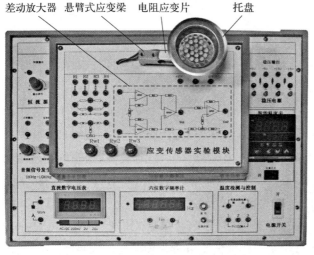

图 17 - 1 金属电阻应变传感器实验装置

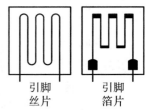

图 17 - 2 电阻应变片
结构示意图

根据使用环境和要求,用 CY - 10 酯黏合剂系,或 K - 4 硝酸纤维系,或 SP - 4 环氧苯酚系等,将电阻应变片黏合固定在悬臂式应变梁上,如图 17 - 3 所示,

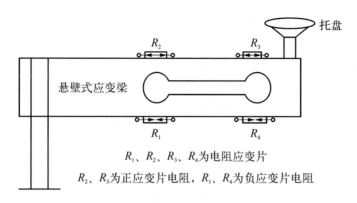

图 17‑3　应变式传感器结构示意图

构成应变式传感器。

　　将四个应变片电阻 R_1、R_2、R_3、R_4 组成电桥,如图 17‑4 所示,其中 R_2 与 R_3 为正应变片电阻,R_1 与 R_4 为负应变片电阻。A、B 两点接入电源,C、D 两点间电压为输出电压,根据此电压值,推知应变片电阻 R_1、R_2、R_3、R_4 的变化,根据应变片电阻的变化推知应变梁的形变,由形变获知外力的大小。C、D 两点的电位接入差动放大器,如图 17‑5 所示,差动放大器对输入的微小电压进行放大,放大后的电压由数字电压表测量。万用表用于测量应变片电阻 R_1、R_2、R_3、R_4 的初始值。砝码放在托盘上,起外力的作用,用于设计电子秤时定标。

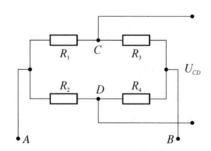

图 17‑4　将应变片电阻组成电桥

　　注意事项:被测物的质量不能超过 1 kg,也不能对传感器施加大于 9.8 N 的外力,以免损坏传感器。使用时,应变梁应处于基本水平的状态。称重托盘与应变梁传感器、应变梁传感器与面板间应紧固无松动。

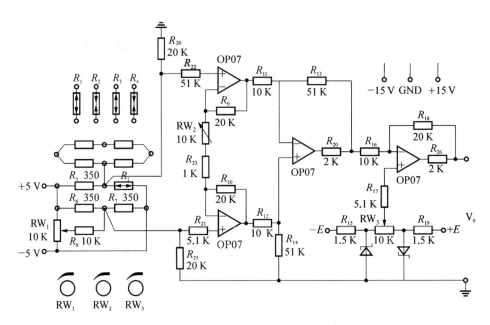

图 17-5　将由应变片电阻组成的电桥接入差动放大器的电路图

17.3　实　验　原　理

根据电阻定律,金属丝的电阻为

$$R = \rho \frac{l}{S} \tag{17-1}$$

式中,l 为金属丝的长度,金属丝的横截面积 $S = \pi r^2$,r 为金属丝的半径,ρ 为金属丝的电阻率。当金属电阻丝受到轴向拉力 F 作用时将伸长 Δl,横截面积相应减小 ΔS,电阻率因晶格变化等因素的影响而改变 $\Delta \rho$,由这些物理量的改变而引起电阻值的变化为 ΔR。对式(17-1)求全微分,然后取相对变化量,得

$$\frac{\Delta R}{R} = \frac{\Delta l}{l} - \frac{\Delta S}{S} + \frac{\Delta \rho}{\rho} \tag{17-2}$$

式(17-2)中的 $\frac{\Delta l}{l}$ 为金属丝的轴向长度应变,$\frac{\Delta \rho}{\rho}$ 为电阻率的相对变化,其值小于

$\dfrac{\Delta l}{l}$。设径向应变为 $\dfrac{\Delta r}{r}$，电阻丝的轴向伸长和横向收缩的关系为 $\dfrac{\Delta r}{r} = -\mu \dfrac{\Delta l}{l}$，$\mu$ 为泊松比，负号表示长度增大而引起半径减小，反之长度减小引起半径增大。

由此可知 $\dfrac{\Delta S}{S} = 2\dfrac{\Delta r}{r} = -2\mu\dfrac{\Delta l}{l}$，代入式(17 - 2)可得应变效应的数量关系为

$$\frac{\Delta R}{R} = \frac{\Delta l}{l}(1 + 2\mu) + \frac{\Delta \rho}{\rho} = \left(1 + 2\mu + \frac{\Delta \rho / \rho}{\Delta l / l}\right)\frac{\Delta l}{l} = k_0 \frac{\Delta l}{l} \quad (17 - 3)$$

式中

$$k_0 = 1 + 2\mu + \frac{\Delta \rho / \rho}{\Delta l / l} \quad (17 - 4)$$

k_0 称为金属丝电阻的灵敏系数。由式(17 - 4)可知，k_0 由材料的几何尺寸变化引起的 $(1 + 2\mu)$ 和材料的电阻率 ρ 随应变引起的 $\dfrac{\Delta \rho / \rho}{\Delta l / l}$（压阻效应）决定。对于金属材料以前者为主，可以近似认为 $k_0 \approx 1 + 2\mu$；对于半导体，k_0 值主要由电阻率相对变化所决定。实验表明，在金属丝拉伸弹性限度内，电阻相对变化与轴向应变成比例。

对于原长为 l 的金属丝，其电阻 R 是一定值，改写式(17 - 3)，得

$$\Delta R = k_0 \frac{R}{l} \Delta l \quad (17 - 5)$$

可见金属丝电阻的改变量 ΔR 与长度形变量 Δl 有一一对应的数量关系。

1) 应变效应与外力的数量关系

根据胡克定律，在金属丝的弹性限度内，长度形变量 Δl 与外力 F 有一一对应的数量关系 $F = E\Delta l$，E 为材料的弹性模量，代入式(17 - 5)可得

$$\Delta R = k_0 \frac{R}{lE} F$$

该式表明电阻的变化量与外力 F 有一一对应的数量关系。根据这个关系通过测量弹性敏感元件的电阻，设计和制作成各种电阻应变片，如金属丝式应变片，金属箔式应变片，金属薄膜应变片，可间接测量位移、力、力矩、加速度、压力等物理量。

2) 测量金属应变片电阻的原理

由于应变片的实际应变范围较小,所以阻值变化的范围也较小。为了更好地测量电阻的变化,采用单臂直流非平衡惠斯登电桥进行测量,将金属丝长度应变引起的电阻变化转换成电压的变化,再将这个变化的电压进行放大处理,实现较为灵敏的测量。

图 17-4 是单臂直流非平衡惠斯登电桥的基本原理图,R_1、R_2、R_3、R_4 为电桥的四个臂,A、B 两点接入电源(电压为 E),则 C、D 两点的电压值为

$$U_{CD} = \left(\frac{R_3}{R_1 + R_3} - \frac{R_4}{R_2 + R_4} \right) E \qquad (17-6)$$

为了提高电桥的灵敏度和抗干扰性,常将四个电阻的初始值调成相等,即 $R_1 = R_2 = R_3 = R_4 = R$,构成等臂电桥。根据式(17-6),进一步分析各种应变片连接方式、电桥输出电压和应变片电阻的关系。

(1) 接入一个应变片:调节 $R_1 = R_2 = R_3 = R_4 = R$,如果受压力形变后,阻值增加,称为正应变片电阻,其阻值变为 $R = R + \Delta R$;受压力形变后,阻值减小,称为负应变片电阻,其阻值变为 $R = R - \Delta R$,其中 R 为起始电阻,ΔR 为受力后应变片的电阻变化量。假设在电桥的 R_3 位置接入单个正应变片电阻 $R_3 = R + \Delta R$,代入式(17-6)可得

$$U_{CD} = \left(\frac{R_3}{R_1 + R_3} - \frac{R_4}{R_2 + R_4} \right) E = \left(\frac{R + \Delta R}{2R + \Delta R} - \frac{R}{2R} \right) E = \frac{\Delta R}{2(2R + \Delta R)} E$$

$$(17-7)$$

该式表明电桥的输出电压 U_{CD} 与金属丝应变片的电阻变化量 ΔR 成非线性的关系,不利于应用和计算。

(2) 接入两个应变片:分如下三种情况讨论。

① 假设在电桥中的 R_2、R_3 位置接入正应变片电阻,代入式(17-6)可得

$$U_{CD} = \left(\frac{R_3}{R_1 + R_3} - \frac{R_4}{R_2 + R_4} \right) E = \left(\frac{R + \Delta R}{2R + \Delta R} - \frac{R}{2R + \Delta R} \right) E = \frac{\Delta R}{2R + \Delta R} E$$

$$(17-8)$$

与式(17-7)进行比较可知,接入两个应变片比单个应变片测试的灵敏度提高了 1 倍,但 U_{CD} 与 ΔR 仍然是非线性的关系,不利于应用。

② 假设电桥中的 R_3 为正应变片电阻，R_4 为负应变片电阻，即受形变压力时，其阻值变为 $R_4 = R - \Delta R$，代入式（17-6）可得

$$U_{CD} = \left(\frac{R_3}{R_1 + R_3} - \frac{R_4}{R_2 + R_4} \right) E = \left(\frac{R + \Delta R}{2R + \Delta R} - \frac{R - \Delta R}{2R - \Delta R} \right) E = \frac{2R\Delta R}{4R^2 - \Delta R^2} E$$

$$(17-9)$$

可见 U_{CD} 与 ΔR 仍然是非线性的关系，不利于应用。

③ 假设 R_3 为正应变片电阻，R_1 为负应变片电阻，代入式（17-6）可得

$$U_{CD} = \left(\frac{R_3}{R_1 + R_3} - \frac{R_4}{R_2 + R_4} \right) E = \left(\frac{R + \Delta R}{2R} - \frac{R}{2R} \right) E = \frac{\Delta R}{2R} E$$

$$(17-10)$$

可见 U_{CD} 与 ΔR 成线性的关系，有应用价值。把不同受力方向的两个应变片接入电桥作为邻边，称为半桥法测量电阻，电桥输出灵敏度提高，非线性得到改善。

（3）接入四个应变片：在电桥中接入四个初始电阻相等的应变片，其中 R_2、R_3 为正应变片电阻，R_1、R_4 为负应变片电阻，代入式（17-6）可得

$$U_{CD} = \left(\frac{R_3}{R_1 + R_3} - \frac{R_4}{R_2 + R_4} \right) E = \left(\frac{R + \Delta R}{2R} - \frac{R - \Delta R}{2R} \right) E = \frac{\Delta R}{R} E$$

$$(17-11)$$

式（17-11）与接入两个应变片的式（17-10）相比，电桥输出灵敏度提高了 1 倍；与接入单个应变片的式（17-7）相比，电桥灵敏度提高了 4 倍。这种接入 4 个应变片，将受力性质相同的两个应变片接入电桥对边的方式，称为全桥法测量电阻。全桥法测量电阻具有电桥输出灵敏度高、线性好的特点，因此得到广泛的应用。本实验将应用该结论，设计制作电子秤。

17.4　实　验　内　容

1）测试桥路阻抗

四个应变片电阻 R_1、R_2、R_3、R_4 已通过内部从悬臂梁上与传感器面板左上方的插孔连接好。用数字万用表表笔通过面板的插孔，依次测量 4 个应变片

电阻的大小。如果 $R_1 = R_2 = R_3 = R_4 = R$，则正常，可以将它们组成电桥，接至应变传感器模块的差动放大器的输入端。

2）单臂电桥性能实验研究

(1) 差动放大器零位调节：将应变式传感器模板接入电源主控箱±15 V，如图 17-5 所示，检查无误后，合上主控箱电源开关，顺时针调节 RW₂ 使之大致位于中间位置固定不变。

再对差动放大器调零：将差动放大器的正、负输入端与地短接，输入为零，输出端 V₀ 与主控箱面板上数显电压表输入端相连，调节实验模板上调零电位器 RW₃，使数显电压表显示为零。如果调节 RW₃ 不能使数显电压表读数为零，则重新确定 RW₂ 的位置，或检查线路是否有误。RW₂、RW₃ 的位置一旦确定，就不要改变。差动放大器调零后，关闭主控箱电源。

(2) 连接电桥与差动放大器：将应变式传感器的其中一个正应变片 R_1（即模板左上方的 R_1）接入电桥，作为电桥的一个桥臂，与 R_5、R_6、R_7 组成直流电桥，如图 17-5 所示。其中 R_5、R_6、R_7 在模块内已接入相对应的位置，连接电桥调零电位器 RW₁，并接入电桥的工作电源±5 V，再将电源±5 V 的地与 ±15 V 的地相接。最后将差动放大器的输出 V₀ 与数字电压表相连，检查接线无误后，合上主控箱电源开关。调节 RW₁，使数字电压表的示数为零。

(3) 测量外力与电压的关系：在砝码盘上放置一只砝码 G，读取电压表的数值 V。然后每增加一个砝码，读取相应的数显电压表值，直到 200 g 砝码加完。将测量结果记入表 17-1 中，关闭电源。

表 17-1　单臂电桥法输出电压与负载重量的测量结果

G/g									
V/mV									

根据表 17-1 的实验结果，以 G 为横坐标，V 为纵坐标，绘制实验测量结果的 G-V 直线图。根据图线，求直线的斜率，计算单臂电桥法实验系统的灵敏度：

$$S_1 = \frac{\Delta V}{\Delta G}$$

式中，ΔG 是 G-V 直线图中横坐标上的重量变化量，ΔV 是与 ΔG 对应的纵坐标上的电压变化量。

在 G-V 直线图上可以发现表 17-1 中的实验数据点，有的不在直线上，从不在直线上的实验数据点中，找到偏离直线最大的实验数据点 (G_m, V_m)。再在直线上找到与横坐标 G_m 对应的电压值 V_{m0}，则 $\Delta m = |V_m - V_{m0}|$，非线性误差为

$$\delta_{f1} = \frac{\Delta m}{y_{FS}} \times 100\%$$

式中，y_{FS} 为表 17-1 实验数据对中 G 最大（本实验砝码总量为 200 g，为 G 的最大值）时对应的输出电压值 V。

注意不要在砝码盘上放置超过 1 kg 的物体，否则容易损坏传感器；电桥的电压为 ±5 V，绝不可与 ±15 V 相连，否则会烧毁应变片。

3）半桥性能实验研究

（1）在上述单臂电桥实验的基础上，应变电阻按图 17-6 接线，组成电桥。在电桥中接入两个应变片电阻，一个为正应变电阻 R_1，另一个

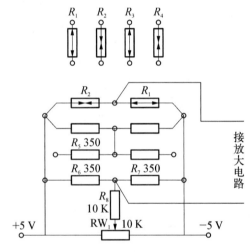

图 17-6 半桥实验接线图

为负应变电阻 R_2，其他不变。R_1 与 R_2 为实验模板左上方的应变片，R_1 与 R_2 受力状态相反，作为电桥的相邻边。接入桥路电源 ±5 V，调节电桥调零电位器 RW_1 进行桥路调零，重复单臂电桥实验中的步骤（3），测量砝码重量 G 和对应的输出电压 V，将数据记入表 17-2 中。

表 17-2 半桥测量时，输出电压与加负载重量值

G/g								
V/mV								

(2) 根据表 17 - 2 的实验结果,作 G - V 直线,求直线斜率,计算灵敏度:

$$S_2 = \frac{\Delta V}{\Delta G}$$

(3) 根据表 17 - 2 的实验结果,结合实验曲线,计算非线性误差:

$$\delta_{f2} = \frac{\Delta m}{y_{FS}} \times 100\%$$

实验时如果电压示数不变化,说明 R_1 与 R_2 两应变片受力状态相同,则应更换电桥中的应变电阻。

(4) 比较 S_1 与 S_2 的大小,参照式(17 - 7)~式(17 - 10)说明原因;比较 δ_{f1} 与 δ_{f2} 的大小,阐述结论的物理意义和应用价值。

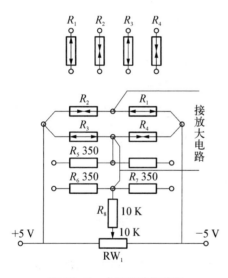

图 17 - 7 全桥实验接线图

4) 全桥性能实验研究

(1) 在上述半桥实验的基础上,将 4 个应变电阻 R_1、R_2、R_3、R_4 按图 17 - 7 所示全部接入电路,组成电桥。在正应变电阻 R_1 对边,接入正应变电阻 R_3;在负应变电阻 R_2 的对边接入另一个负应变电阻 R_4,其他不变。接入桥路电源 ±5 V 和电位器 RW$_1$,调节电桥调零电位器 RW$_1$ 进行桥路调零。测量砝码重量 G 和对应的输出电压 V,数据记入表 17 - 3 中。

(2) 根据表 17 - 3 的实验测量结果,作 G - V 直线,求直线斜率,计算灵敏度:

$$S_3 = \frac{\Delta V}{\Delta G}$$

(3) 根据表 17 - 2 的实验结果,结合实验曲线,计算非线性误差:

$$\delta_{f3} = \frac{\Delta m}{y_{FS}} \times 100\%$$

若实验时电压示数不变化,说明 R_1 与 R_2 两应变片受力状态相同,R_3 与

R_4 两应变片受力状态相同,则应更换电桥中应变电阻的位置。

（4）比较单臂、半桥、全桥输出时的灵敏度和非线性度:比较 S_1、S_2、S_3 的大小,通过式(17-7)~式(17-11)说明原因;比较 δ_{f1}、δ_{f2}、δ_{f3} 的大小,阐述结论的物理意义和应用价值。

表 17-3　全桥输出电压与负载的测量结果

G/g								
V/mV								

5）电子秤的设计和制作实验

（1）将应变式传感器模板接入电源主控箱±15 V,如图 17-5 所示,检查无误后,合上主控箱电源开关,顺时针调节 RW_2 使之大致位于中间位置固定不变。

（2）将差动放大器的正、负输入端与地短接,输入为零,输出端 V_0 与主控箱面板上数显电压表输入端相连,调节实验模板上调零电位器 RW_3,使数显电压表显示为零。固定 RW_2、RW_3 的位置不改变。差动放大器调零后,关闭主控箱电源。

（3）将 4 个应变电阻 R_1、R_2、R_3、R_4 按图 17-7 所示全部接入电路,组成电桥。在正应变电阻 R_1 对边接入正应变电阻 R_3;在负应变电阻 R_2 的对边接入另一个负应变电阻 R_4。接入桥路电源±5 V 和电位器 RW_1,最后将差动放大器的输出 V_0 与数字电压表相连,检查接线无误后,合上主控箱电源开关。调节电桥调零电位器 RW_1,使数字电压表的示数为零。

将 $G=200g$ 砝码置于传感器的托盘上,调节电位器 RW_2,使数显电压表示数为 2.00 V 或 0.200 V,使灵敏度 S 为 0.1,或 1,或 10。然后拿去托盘上的所有砝码使 $G=0$,调节电位器 RW_1(零位调节)使数显电压表示数为 0.000 V。重复这一标定操作过程,反复调节电位器 RW_2 和 RW_1,直到满足

$$S=\frac{\Delta V}{\Delta G}=1 \text{ mV/g}$$

或

$$S=\frac{\Delta V}{\Delta G}=10 \text{ mV/g}$$

把电压量纲 V 转化为质量量纲 g,就可以称重,成为一台原始的电子秤。

(4) 把砝码 G 依次放在托盘上,读取数显电压表示数,将测量结果填入表 17-4。

表 17-4　电桥输出电压与负载质量值

G/g									
V/mV									

(5) 根据表 17-4 的实验结果,计算电子秤的灵敏度、非线性误差和最小分辨率。

17.5　实验方法延伸和创新实训

本实验的应变梁、应变片、差动放大器、精度、秤衡范围、电桥灵敏度等都是值得延伸和创新的点。

(1) 实验装置的延伸思考和实训:本实验感应力的器件是应变梁和应变片,应变梁感应切向剪切形变,应变片感应轴向伸缩形变,要求它们的形变量与外力的关系必须是线性的关系,才能通过形变精确测量力的大小;同样要求应变片伸缩形变与电阻变化也是线性关系。能否满足这种相互间的线性要求,与制作应变梁和应变片的材料、形状、结构有关。请调研国内外应变梁和应变片的材料、形状、结构研究情况,并用第 15 章的方法测量应变片材料长度变化与外力的关系。

(2) 实验原理的应用延伸和实训:在日常秤衡中,由于电子秤操作方便和灵敏度高,正逐步替代杠杆秤和天平。电子秤与杠杆秤和天平一样,存在灵敏度与秤衡范围的矛盾,灵敏度高,秤衡范围就小;秤衡范围大,灵敏度就低。电子秤的灵敏度取决于应变梁、应变片、电桥等的灵敏度和差动放大器的放大能力;秤衡范围取决于应变梁和应变片的弹性限度、线性范围和结构,与电桥的灵敏度和差动放大器的放大能力也有关系。请购置 4 个电阻应变片,加工 1 个应变梁,将电阻应变片用合适的胶固定在应变梁上,用上述实验的差动放大器设计制作 1 个秤衡范围能达到 10 kg 的电子秤。此外将本实验装置的电子秤分辨能力提高到 0.1 mg,设计改造方案并实现之。

第 18 章
力敏传感器法测量液体表面张力系数

植物叶子上的露珠、在液体表面上行走的小昆虫、略高于杯口的液面、吹起的泡泡等是生活中常见的物理现象,这些现象的形成与液体的表面张力有关。表面张力出现在不同种类的液体,或液体与固体,或液体与气体的交界面处,在交界面处存在一个表面层,当表面层上的同类分子之间的距离大于分子之间引力与斥力相等时的距离时,分子间的相互作用表现为引力,表面层在该引力的作用下,形成曲面,如同弹簧拉离平衡位置会产生收缩的弹力。

液体的表面张力反映液体本身固有的性质,不同的液体具有不同的表面张力,根据这个性质,可通过测量液体表面张力的大小,判别和区分不同种类的液体、检测液体的纯度、预测液体对固体的润湿性、检测和计算固体的表面能、优化喷涂等行业的工艺、判断表面活性剂的吸附或扩散速率、检测产品是否合格或是否均一。

随着科学技术的发展,测量表面张力的方法越来越多,经典的方法是拉脱法,直接测量液体的表面张力大小,测量方法直观,概念清楚。但由于液体表面的张力较小,在 $10^{-3} \sim 10^{-2}$ N 范围内,对直接测量力的仪器要求较高。本实验应用第 17 章介绍的应变效应,采用半导体硅设计制作而成的压阻式力敏传感器测量表面张力大小和系数。

18.1 实 验 目 的

(1) 学习表面张力的概念及形成的机制。

(2) 学习半导体硅压阻式应变片的原理,力敏传感器的结构、功能和调节使用。

（3）学习用砝码对硅压阻力敏传感器进行定标的方法，测量并计算传感器灵敏度的方法。

（4）分析和研究拉脱法测液体表面张力的物理过程和物理现象。

（5）掌握测量室温下水和其他液体的表面张力系数的方法。

（6）设计实验研究液体的浓度与其表面张力系数的关系。

18.2　实验仪器和用具

力敏传感器法测量液体表面张力系数实验装置如图 18-1 所示，包括底座、固定支架、力敏传感器、固定螺钉、水平调节螺钉、升降螺旋、升降台、玻璃器皿、吊环、挂钩、砝码盘、砝码、五芯连接线、电源、数字电压表。

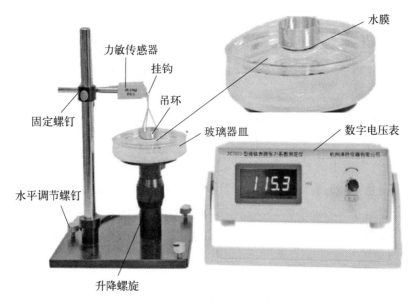

图 18-1　力敏传感器法测量液体表面张力实验装置

力敏传感器为半导体硅压阻力敏传感器，内含测量电阻的非平衡直流电桥和硅压阻力敏感应元件，由固定螺钉固定在支杆上，通过挂钩与外界相连。硅压阻式力敏传感器由弹性梁和贴在梁上的传感器芯片组成，传感器芯片由 4 个相同的硅扩散电阻组成一个非平衡电桥,当外界压力作用于金属梁时,引起硅扩散电阻应变,电阻值因此改变,使电桥失去平衡,输出一个不为零的电压,输出电压大小与所加外力成正比

$$U = kF \tag{18-1}$$

式中,F 为外力的大小,k 为硅压阻式力敏传感器的灵敏度,U 为传感器输出电压。

吊环为圆柱形薄铝环,通过细线与力敏传感器的挂钩相连;玻璃器皿盛装待测液体,安放在升降螺旋控制的支柱平台上;转动升降螺旋,改变安放在升降台上的玻璃器皿上下位置;数字电压表通过五芯连接线与力敏传感器相连,测量力敏传感器中非平衡电桥的电势差,另外,与数字电压表安装在一起的有力敏传感器工作所需的电源和调节电压零位的手动多圈电位器旋钮。

18.3　实 验 原 理

设圆柱形薄铝环的外径为 d_1、内径为 d_2,将铝环下端浸入待测液体中,然后慢慢地将它向上拉出液体表面,在铝环下端面将带起一液膜,设液膜被拉断前的液膜高度为 h,则拉离液体表面的液膜重力为

$$w = m_{液}g = g\rho_{液}V_{液} = \frac{g\rho_{液}\pi h}{4}(d_1^2 - d_2^2) \tag{18-2}$$

式中,$m_{液}$ 为被拉断前液膜的质量,$\rho_{液}$ 为液体的密度,$V_{液}$ 为被拉断前液膜的体积。被拉断前待测液体的表面张力 T 称为脱离力,它作用在铝环的两侧面,方向向下,大小与铝环的两侧面周长成正比

$$T = \alpha\pi(d_1 + d_2) \tag{18-3}$$

式中,α 为液体的表面张力系数。力敏传感器测量的力 F 为

$$F = w + T = \frac{g\rho_{液}\pi h}{4}(d_1^2 - d_2^2) + \alpha\pi(d_1 + d_2) \tag{18-4}$$

将式(18-1)代入式(18-4),得

$$\frac{U}{k} = \frac{g\rho_{液}\pi h}{4}(d_1^2 - d_2^2) + \alpha\pi(d_1 + d_2) \tag{18-5}$$

由此可解得

$$\alpha = \frac{g\rho_{液}h(d_1 - d_2)}{4} - \frac{U}{k\pi(d_1 + d_2)} \tag{18-6}$$

式中,k 是力敏传感器的灵敏度,用已知质量的砝码作为外力测量对应输出的电压 U,根据式(18-1)可求得;h 为液膜被拉断前的液膜高度,通过测量升降台的改变量获得;$\rho_{液}$ 是待测液体的密度,d_2 与 d_1 为铝环的内外直径。

18.4　实　验　内　容

(1) 定标力敏传感器,测量灵敏度 k。

每个力敏传感器的灵敏度都有所不同,在实验前,应先将其定标,定标步骤如下:

① 打开仪器的电源开关,将仪器预热。

② 在传感器梁端头小钩中挂上砝码盘,调节调零旋钮,使数字电压表显示为零。

③ 在砝码盘上依次加 0.5 g、1.0 g、1.5 g、2.0 g、2.5 g、3.0 g 砝码,在该重力的作用下,读取数字电压表对应的数值 U,将测量结果记入表 18-1 中。

④ 用作图法,或用最小二乘法求直线,计算传感器灵敏度 k。

表 18-1　测量力敏传感器的灵敏度 k

W/g	0.5	1.0	1.5	2.0	2.5	3.0
U/mV						
$k/(g/mV)$						

(2) 测量环的内径、外径、质量。

① 用游标卡尺测量金属圆环的外径 d_1 和内径 d_2。多次测量,计算铝环的

外径 d_1 与内径 d_2。

② 环的表面状况与测量结果有很大的关系,实验前应将金属环状吊片在 NaOH 溶液中浸泡 20～30 s,然后用净水洗净。

③ 将金属环状吊片挂在传感器的小钩上,测量其质量。

（3）液体的表面张力系数测量。

① 调节升降台,将液体升至靠近环片的下沿,观察环状吊片下沿与待测液面是否平行,如果不平行,将金属环状片取下后,调节吊片上的细线,使吊片与待测液面平行。

② 调节玻璃容器下的升降螺旋,使升降台渐渐上升,记下环片的下沿与液面相接触时对应的升降台位置 h_1;继续调节升降螺旋,使升降台继续上升,将环片的下沿部分浸没于待测液体中。然后反向调节升降螺旋,使升降台下降,液面跟随升降台逐渐下降,当金属环片下端高于液面时,拉起一环形液膜,继续下降液面,测出环形液膜即将拉断前一瞬间数字电压表读数值 U_1 和液膜拉断后一瞬间数字电压表读数值 U_2,同时测量环形液膜拉断时升降台位置 h_2。重复上述操作 5 次,将测量结果记入表 18-2 中。

③ 根据表 18-2 的测量结果,计算 $\bar{U} = (U_1 + U_2)/2$,$h = |h_1 - h_2|$,将铝环外径 d_1、内径 d_2、$\rho_{液}$、表 18-1 中的 k 等物理量代入式(18-6),计算表面张力系数 α,最后求 α 的平均值和 A 类不确定度,并与标准值进行比较。

表 18-2　测量液体的表面张力系数

测量次数 n	h_1/mm	U_1/mV	U_2/mV	h_2/mm	$\bar{U}$/mV	h/mm	α/(N/m)
1							
2							
3							
4							
5							
平均值							

(4) 利用表 18-3 的实验结果,求表面张力系数与温度的关系。

表 18-3 水的表面张力系数与温度的实验结果

水温 $t/℃$	10	15	20	25	30
$\alpha /(N/m)$	0.074 22	0.073 22	0.072 75	0.071 97	0.071 18

18.5 实验方法延伸和创新实训

(1) 实验装置作用延伸:调查已有的溶液浓度、密度、温度与表面张力系数的实验数据表,用上述实验方法测量溶液的表面张力系数,通过查数据表求所测溶液浓度、温度。

(2) 实验装置改进:本实验装置存在两个明显的缺陷,一个是测量水膜高度,另一个是测量水膜破断时的电压。请改进本实验装置中测量水膜高度和水膜破断时电压的方法。

(3) 实验装置功能拓展:本实验装置不能改变待测液体的温度,请设计制作增加在实验中改变温度的功能,测量不同温度下液体的表面张力系数。

第 19 章
焦利秤法测量表面张力系数

在测量表面张力的经典方法中,较早的实验装置是用弹簧设计制作而成的焦利秤,用它直接测量液体的表面张力大小。本实验介绍利用焦利秤实验装置测量液体表面张力系数的方法。

19.1 实 验 目 的

(1)学习焦利秤的设计、结构、功能和调节使用方法。
(2)掌握用焦利秤测量室温下水的表面张力系数的方法。
(3)延伸焦利秤、表面张力系数的应用。

19.2 仪 器 与 用 具

焦利秤法测量表面张力实验装置如图 19-1 所示,包括焦利秤、铝环、砝码、玻璃器皿、温度计、游标卡尺和待测液体等。

焦利秤由支架底座、水平调节旋钮、升降旋钮 a、升降旋钮 b、外筒、内筒、载物平台、弹簧、挂钩、玻璃管、平面镜、平台立柱、玻璃器皿等构成。水平调节旋钮调节支架底座水平,使支架上的内外筒处于竖直状态;升降旋钮 a 与内筒相连,调节内筒的上下位置;升降旋钮 b 通过平台立柱与载物平台相连,调节载物平台的上下位置;外筒上的游标与内筒主尺配合,标识内筒的位置;内筒通过横梁固定悬挂弹簧,控制弹簧的上下位置;载物平台通过平台立柱

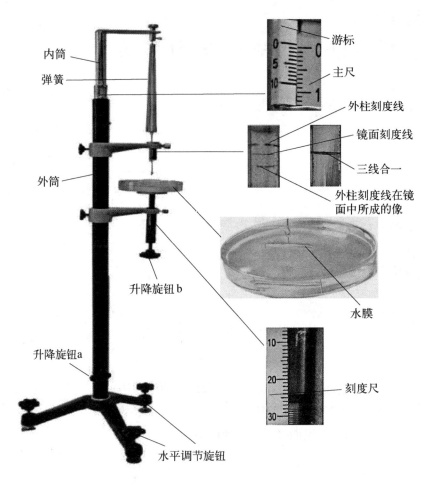

内筒

弹簧

外筒

升降旋钮b

升降旋钮a

水平调节旋钮

游标

主尺

外柱刻度线

镜面刻度线

三线合一

外柱刻度线在镜面中所成的像

水膜

刻度尺

图 19‑1　焦利秤法测量表面张力实验装置

与升降旋钮 b 相连,安放玻璃器皿;弹簧的一端固定在内筒的横梁上,跟随内筒上下移动,另一端与装有平面镜的挂钩相连,挂钩穿过带有标识线的圆玻璃管,与砝码盘或待测物相连;刻有标识线的玻璃管被固定在支架上;平面镜上刻有标识线,安置在挂钩上,当上下移动内筒,使挂钩上镜子的标线、玻璃管上的标线及其在镜中的像三线重合时,作为弹簧秤基点,其位置由内外筒的刻度尺读出;平台立柱上有标尺,由升降旋钮 b 调节控制,标识载物平台的上下位置;玻璃器皿用于盛装待测液体,安放在载物平台上,并跟随载物平台上下移动。

19.3　实　验　原　理

将第18章中的力敏传感器改为焦利秤,其结构和功能如图19-1所示。实验所用圆柱形薄铝环的外径为d_1、内径为d_2。设弹簧的劲度系数为k,铝环下端面带起的液膜被拉断前的高度为h,引起弹簧的伸长量为$L_{液}$,则拉离液体表面的液膜重力为

$$w_{液} = \frac{g\rho_{液}\pi h}{4}(d_1^2 - d_2^2) = kL_{液} \tag{19-1}$$

式中,$\rho_{液}$为液体的密度。设铝环的两侧面受到的表面张力为T,引起弹簧的伸长量为$L_{张}$,则

$$T = \alpha\pi(d_1 + d_2) = kL_{张} \tag{19-2}$$

式中,α为液体的表面张力系数。设平面镜、挂钩、铝环和细线的重力之和为$w_{环}$,引起弹簧的伸长量为$L_{环}$,则

$$w_{环} = kL_{环} \tag{19-3}$$

设总的力F引起弹簧伸长量为$L_{总}$,则$F = kL_{总} = k(L_{液} + L_{张} + L_{环})$,将式(19-1)、式(19-2)和式(19-3)代入可得

$$kL_{总} = \frac{g\rho_{液}\pi h}{4}(d_1^2 - d_2^2) + \alpha\pi(d_1 + d_2) + kL_{环} \tag{19-4}$$

由此可得

$$\alpha = \frac{k(L_{总} - L_{环})}{\pi(d_1 + d_2)} - \frac{g\rho_{液}h(d_1 - d_2)}{4} \tag{19-5}$$

先用标准砝码测量弹簧的劲度系数k,根据式(19-5)可间接测得液体的表面张力系数α。

19.4　实　验　内　容

按图19-1安装实验装置,调节升降旋钮a,通过弹簧带动挂钩上的镜面刻

度线上下移动,以镜面刻度线、玻璃管刻度线、玻璃管刻度线在镜中所成的像这三线重合为基准,判断弹簧的伸长量。

注意事项:每次实验前要用酒精擦拭玻璃器皿和铝环,保持十分洁净,不许用手触摸玻璃器皿的里侧、铝环和水面。测表面张力时,动作要慢,防止仪器受震动,特别是水膜即将破裂时,更要缓慢。

(1) 测量弹簧的劲度系数 k。

① 选择劲度系数为 $0.2\sim0.6$ N/m 的弹簧挂在焦利秤的内筒横梁上,调节水平调节旋钮使支架的底座水平,使内外筒竖直且与弹簧平行。

② 在弹簧的下端装上挂钩,挂钩穿过圆玻璃管的中心,挂钩的下端安装砝码盘。

③ 调节升降旋钮 a,通过弹簧带动挂钩上的镜面刻度线上下移动,当镜面刻度线、玻璃管刻度线、玻璃管刻度线在镜中所成的像这三线重合时,根据外筒的游标,读取内筒的位置 x_0。

④ 在砝码盘上加 500 mg 的砝码,拉伸弹簧,使镜面刻度线下降,调节升降旋钮 a,将弹簧往上拉,带动挂钩上的镜面刻度线向上移动,当镜面刻度线、玻璃管刻度线、玻璃管刻度线在镜中所成的像这三线重合时,根据外筒的游标,读取内筒的位置 x_1。

⑤ 以后每加砝码 500 mg,重复上面操作④,测量内筒的位置 x_i,直至砝码加到 3.500 g。

⑥ 然后再逐次减砝码,测量内筒的位置 x_i。

⑦ 将实验测量结果记入表 19-1 中。

表 19-1　测量弹簧的劲度系数 k

m/g	0	0.5	1.0	1.5	2.0	2.5	3.0	3.5
$x_{加}$/mm								
$x_{减}$/mm								
$x_{平均}$/mm								

⑧ 根据表 19-1 的测量结果,用作图法或最小二乘法求弹簧的劲度系数 k。

（2）测量圆柱形薄铝环的外径 d_1 和内径 d_2，多次测量，求最佳值和不确定度。

（3）测量平面镜、挂钩、铝环和细线的重力之和使弹簧产生的伸长量 $L_{环}$。

取下挂钩上的砝码盘，换上细线吊挂的铝环，调节升降旋钮 a，拉动弹簧带动挂钩上的镜面刻度线上下移动，当镜面刻度线、玻璃管刻度线、玻璃管刻度线在镜中所成的像这三线重合时，根据外筒的游标，读取内筒的位置，记录弹簧的伸长量 $L_{环}$。重复 5 次，结果记入表 19 - 2 中。

（4）测量拉起的液膜高度 h 和总的弹簧伸长量 $L_{总}$。

① 调节载物平台的高低位置，并安放好装有待测液体的玻璃器皿。

② 换上细线吊挂的铝环，调节升降旋钮 a，拉动弹簧带动挂钩上的镜面刻度线上下移动，直到镜面刻度线、玻璃管刻度线、玻璃管刻度线在镜中所成的像三线重合时，停止不动。

③ 调节升降旋钮 b，改变玻璃器皿中待测液体的液面上下位置，当铝环下端面升高到与液面相接触时，记下平台立柱上刻度尺读数 h_1。

④ 继续调节升降旋钮 b，使玻璃器皿升高，让铝环下端深入到待测液体的液面下 1～3 mm 的位置时，停止升高。

⑤ 反方向调节升降旋钮 b，使玻璃器皿缓慢下降，液面跟随逐渐下降，当铝环下端面高于液面时，铝环拉起一环形液膜，弹簧被拉长，镜面刻度线低于玻璃圆管的刻度线，调节升降旋钮 a，将弹簧往上拉，使镜面刻度线及其像与玻璃圆管的刻度线三线重合。

⑥ 继续调节升降旋钮 b 缓慢降低液面，使铝环拉起的环形液膜加长，对应的弹簧被拉得更长，镜面刻度线又低于玻璃圆管的刻度线；与此同时，调节升降旋钮 a，又将弹簧往上拉，使镜面刻度线及其像与玻璃圆管的刻度线三线重合。

⑦ 再次调节升降旋钮 b，继续缓慢降低液面，使铝环拉起的环形液膜继续加长，弹簧继续被拉得更长，镜面刻度线又低于玻璃圆管的刻度线，调节升降旋钮 a，再将弹簧往上拉，使镜面刻度线及其像与玻璃圆管的刻度线三线重合。

⑧ 重复操作⑦，直到环形液膜即将拉断前，记下内外圆管刻度尺的读数，计算弹簧总的伸长量 $L_{总}$ 以及对应的平台立柱上刻度尺读数 h_2。

⑨ 重复上述③～⑧操作 5 次，将实验测量结果记入表 19 - 2 中。

表 19 - 2   测量拉起的液膜高度 h 和总的弹簧伸长量 $L_{总}$

n（次数）	h_1/mm	h_2/mm	h/mm	$L_{总}/mm$	$L_{环}/mm$	$\alpha/(N/m)$
1						
2						
3						
4						
5						
平均						

⑩ 表 19 - 2 中 $h = |h_2 - h_1|$，将表 19 - 1 的实验结果 k 以及铝环的外径 d_1 和内径 d_2 一并代入式(19 - 5)，求表 19 - 2 中的表面张力系数 α、平均值和不确定度。

⑪ 与第 18 章用力敏传感器法测量结果进行比较。

19.5   实验方法延伸和创新实训

用弹簧测量物体所受的重力是一种经典的方法，由于在弹簧上安放物体时会引起弹簧的振动，所以现在已经不再常用弹簧测量重力，但我们可以用弹簧振动的特点解决其他问题。

(1) 焦利秤功能延伸实训：在焦利秤的弹簧下挂一小球，构成弹簧振子装置，将小球拉离平衡位置放开，小球在弹力与重力的合力作用下做简谐振动。请推导小球的动力学方程，并根据振动周期测量小球的质量或弹簧的劲度系数。

(2) 延伸焦利秤功能，验证变力作用下的动量定理和动能定理：

如图 19 - 2 所示，竖直悬挂的弹簧处于自然状态时，下端在 A' 点，挂上小球，此时弹簧伸长 L，小球静止在 O 点，以 O 点（$mg = kL$）为平衡位置，k 为弹簧

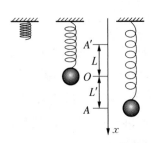

图 19 - 2   弹簧振子装置示意图

的劲度系数。将小球向上移动到 A' 点,然后释放,小球在重力和弹力的作用下,在 x 方向上振动。忽略小球受到的空气阻力,则小球的动力学方程为

$$m\frac{\mathrm{d}x^2}{\mathrm{d}t^2} = -kx + mg \qquad (19-6)$$

式中,x 为弹簧形变量,kx 为弹簧的弹力,负号表示弹簧所产生的弹力与其伸长(或压缩)的方向相反,mg 为小球的重力。式(19-6)的通解为

$$x = C_1\cos\sqrt{\frac{k}{m}}t + C_2\sin\sqrt{\frac{k}{m}}t + \frac{mg}{k} \qquad (19-7)$$

当小球在 A' 点释放,通过 O 点($mg = kL$)平衡位置时开始计时,即 $t=0$,速度为 $v = v_0$,加速度 $a = 0$,可得

$$x = v_0\sqrt{\frac{m}{k}}\sin\sqrt{\frac{k}{m}}t + \frac{mg}{k} \qquad (19-8)$$

将式(19-8)对时间求导,得

$$v = \frac{\mathrm{d}x}{\mathrm{d}t} = v_0\cos\sqrt{\frac{k}{m}}t \qquad (19-9)$$

动量定理指作用于物体的合外力 $\boldsymbol{F}$ 在时刻 t_1 到 t_2 的冲量等于物体在这一过程中动量的改变量,即

$$mv_2 - mv_1 = \int_{t_1}^{t_2}(mg - kx)\mathrm{d}t \qquad (19-10)$$

式中,v_1、v_2 分别为小球在 t_1、t_2 时刻的速度大小。把式(19-8)代入式(19-10),并积分得

$$mv_2 - mv_1 = mv_0\left(\cos\sqrt{\frac{k}{m}}t_2 - \cos\sqrt{\frac{k}{m}}t_1\right) \qquad (19-11)$$

式(19-11)左边指物体动量的改变量,右边指物体受到的冲量。在焦利秤上安装光电门与计时器,测出物体速度 v_1、v_2,代入左边,可计算物体动量的改变量;测出弹簧劲度系数 k、小球速度 v_0 和时间 t_1、t_2,代入右边可求出物体所受的冲量。比较动量的改变量和外力的冲量是否相等来验证动量定理。

　　请设计实验方案,参照上述的方法,验证变力作用下的动量定理和动能定理。

第 20 章
冷却法测量金属比热容

在 18 世纪,苏格兰的约瑟夫·布莱克发现质量相同的不同物质,上升相同温度所需的热量不同,从而提出比热容的概念。比热容是表示物质热性质的物理量,其大小与物体的性质和温度变化过程有关,可从特定微观粒子的结构及其运动规律出发计算比热容,也可利用实验测量物质的比热容。比热容可用来探索物质的微观结构及其运动特性,是了解物质晶格振动、电子能带结构和能态密度、磁性材料中磁性离子的能级、固体中的相变等情况的有力工具。在工业制造、农业生产、日常生活中对材料的选取,往往要考虑物质的比热容。例如水的比热容较大,升高或降低相同的温度,吸收和放出的热量就多,因此得到广泛的应用,在自然界中因为一定质量的水吸收(或放出)更多的热而自身的温度却变化不大,所以有利于调节气候。在工业制造和日常生活中,用水作冷却剂或取暖,如北方楼房中的"暖气"就用水作为介质。

实验室测定物质的比热容,在温度变化较小时,常采用混合法、冷却法、电流量热器法。本实验将介绍采用冷却法测定金属的比热容。

20.1 实 验 目 的

(1) 掌握测定金属比热容的冷却法。

(2) 探索金属的冷却速率与环境温差之间的关系。

(3) 学习实验条件的控制方法。

20.2　实　验　原　理

单位质量的物质,其温度升高或降低 1 K(或 1 ℃)所需的热量,称为该物质的比热容,即

$$C = \frac{\Delta Q}{m \Delta T} \tag{20-1}$$

式中,m 为该物质的质量,ΔT 为该物质的温度变化量,ΔQ 为该物质吸收或放出的热量。不同的物质有不同的比热容,比热容是物质的一种热属性。同种物质在同一状态下的比热容不随质量、形状的变化而变化,但与物态有关,同一物质在不同的状态时,比热容不相同。比热容的国际单位为 $J \cdot kg^{-1} \cdot K^{-1}$。

如果已知金属标准样品的比热容,可用对比法测量不同金属的未知比热容。例如以铜为标准样品,已知铜在 100 ℃ 的比热容,通过对比测定铁、铝样品的比热容。将质量为 M_1 的金属样品加热后,放到较低温度的介质(室温的空气)中,样品将会逐渐冷却,其单位时间的热量损失 $(\Delta Q / \Delta t)$ 与温度下降的速率成正比:

$$\frac{\Delta Q}{\Delta t} = C_1 M_1 \frac{\Delta T_1}{\Delta t} \tag{20-2}$$

式中,C_1 为金属样品 1 在温度为 T_1 时的比热容,$\Delta T_1 / \Delta t$ 为金属样品 1 在温度为 T_1 时的温度下降速率。根据牛顿冷却定律有

$$\frac{\Delta Q}{\Delta t} = a_1 S_1 (T_1 - T_0)^n \tag{20-3}$$

式中,a_1 为金属样品 1 的热交换系数,S_1 为该样品外表面的面积,n 为常数,T_1 为金属样品 1 的温度,T_0 为周围介质的温度。由式(20-2)和(20-3)得

$$C_1 M_1 \frac{\Delta T_1}{\Delta t_1} = a_1 S_1 (T_1 - T_0)^n \tag{20-4}$$

同理对于质量为 M_2,比热容为 C_2 的另一种金属样品,有

$$C_2 M_2 \frac{\Delta T_2}{\Delta t_2} = a_2 S_2 (T_2 - T_0)^n \tag{20-5}$$

由式(20-4)和(20-5)得

$$\frac{C_2 M_2 \dfrac{\Delta T_2}{\Delta t_2}}{C_1 M_1 \dfrac{\Delta T_1}{\Delta t_1}} = \frac{a_2 S_2 (T_2 - T_0)^n}{a_1 S_1 (T_1 - T_0)^n} \tag{20-6}$$

所以

$$C_2 = C_1 \frac{M_1 \dfrac{\Delta T_1}{\Delta t_1} a_2 S_2 (T_2 - T_0)^n}{M_2 \dfrac{\Delta T_2}{\Delta t_2} a_1 S_1 (T_1 - T_0)^n} \tag{20-7}$$

如果样品1和样品2的形状尺寸都相同,则 $S_1 = S_2$;两样品的表面涂层、色泽等也相同,周围介质(空气)的性质又相同,则有 $a_1 = a_2$;当周围介质温度恒定不变,样品从相同的高温 $T_1 = T_2 = T$ 开始冷却至相同的低温 T_0,则下降的温度 ΔT 相同,式(20-7)可简化为

$$C_2 = C_1 \frac{M_1 \dfrac{\Delta T}{\Delta t_1}}{M_2 \dfrac{\Delta T}{\Delta t_2}} = C_1 \frac{M_1 \Delta t_2}{M_2 \Delta t_1} \tag{20-8}$$

由式(20-8)可知,如果标准金属样品1的比热容 C_1 已知,待测样品2与标准金属样品1的形状尺寸、表面涂层、色泽、所处介质性质、环境温度相同时,从相同的高温冷却到同一低温,分别测出各自冷却所需的时间,就可以求出待测金属材料2的比热容 C_2。

20.3　实验仪器和用具

如图20-1和图20-2所示,实验装置包括加热电源和电热管、热电偶测温系统、有机玻璃圆筒、电子秒表、电压表、待测金属圆柱体、保温杯、镊子等。加热电源和电热管给待测样品加热;热电偶嵌入待测金属圆柱体样品的中心圆

孔内,测量样品的温度。如图 20－2 所示,样品在有机玻璃圆筒中加热或冷却;保温杯保持冷端温度不变,镊子用于对金属盖和样品的安放;电子秒表用于测量冷却时间,电压表用于测量因温差而产生的电压。

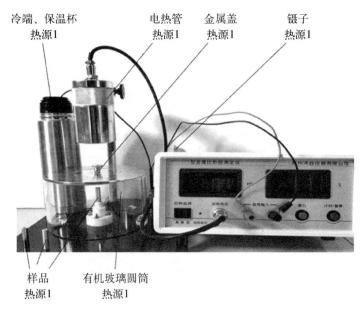

图 20－1　金属比热容测定仪

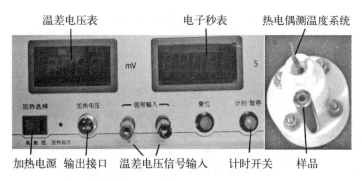

图 20－2　实验仪面板和测温热电偶

本实验中热电偶采用铜-康铜材料,若冷端温度为 0 ℃,输出的温差电势差与温度的对应关系如表 20－1 所示。由表可知 100 ℃的温差对应的电压为 4.072 mV,以此类推。

表 20‑1   铜‑康铜热电偶的温差(温度)与对应的温差电压关系表

温度/℃ 温差/℃ 电压/mV	0	1	2	3	4	5	6	7	8	9
0	0	0.038	0.076	0.114	0.152	0.190	0.228	0.266	0.304	0.342
10	0.380	0.419	0.458	0.497	0.536	0.575	0.614	0.654	0.693	0.732
20	0.772	0.811	0.850	0.889	0.929	0.969	1.008	1.048	1.088	1.128
30	1.169	1.209	1.249	1.289	1.330	1.371	1.411	1.451	1.492	1.532
40	1.573	1.614	1.655	1.696	1.737	1.778	1.819	1.860	1.901	1.942
50	1.983	2.025	2.066	2.108	2.149	2.191	2.232	2.274	2.315	2.356
60	2.398	2.440	2.482	2.524	2.565	2.607	2.649	2.691	2.733	2.775
70	2.816	2.858	2.900	2.941	2.983	3.025	3.066	3.108	3.150	3.191
80	3.233	3.275	3.316	3.358	3.400	3.442	3.484	3.526	3.568	3.610
90	3.652	3.694	3.736	3.778	3.820	3.862	3.904	3.946	3.988	4.030
100	4.072	4.115	4.157	4.199	4.242	4.285	4.328	4.371	4.413	4.456
110	4.499	4.543	4.587	4.631	4.674	4.707	4.751	4.795	4.839	4.883
120	4.527									

20.4   实 验 内 容

本实验包含如下六方面内容：

(1) 如图 20‑1,用同轴电缆将加热电压输出接口与电热管接口相连;热电偶接口的红、黑两线分别与温差电压信号输入接口相连;热电偶的冷端插入含冰水混合物的保温杯内(冷端也可以放在室内空气中,但测得的温度数值需加上室温)。

(2) 提供的样品有铜、铁、铝三种,它们形状、色泽、体积和表面积大小相同,用天平称量它们的质量,根据 $M_{Cu} > M_{Fe} > M_{Al}$,区分它们的材质。用镊子打开金属盖,将比热容已知的样品中心圆孔对准热电偶的探头安放好;再将电热管向下调节对准样品,使电热管全部盖住样品。

(3) 打开加热电源,加热电源旋钮在高、低和关三种状态之间切换。开始时,将加热电源旋钮旋至"高",温度升高较快;达到一定温度后,切换至"低"旋钮,缓慢升高温度;当温度升高到 110 ℃(对应的温差电压为 4.499 mV)时,旋至"关"旋钮;将电热管向上调节,移出有机玻璃圆筒外;用镊子夹取金属盖盖住有机玻璃圆筒的端口。注意观察数字电压表上的温差电压的变化。

(4) 当冷却到 102 ℃(对应的温差电压减小到 4.157 mV)时,按下计时开关,开始记时;继续冷却到 98 ℃(对应的温差电压减小到 3.988 mV)时,再次按下计时开关,停止记时;读取电子秒表的数值,记入表 20 - 2 中,即为该材料温度下降 4 ℃所需的冷却时间;按复位,则电子秒表的时间数值清零。重复(3)和(4)操作五次。

表 20 - 2　样品温度下降 4 ℃所需的冷却时间测量结果

样品 \ 时间/s　次数	1	2	3	4	5	冷却时间平均值	比热容	相对误差
铜 C_1								
铁 C_2								
铝 C_3								

(5) 用镊子打开金属盖,将比热容未知的样品中心圆孔对准热电偶的探头安放好;再将电热管向下调节对准样品,使电热管全部盖住样品。重复上述步骤(3)和(4)。

(6) 根据表 20 - 2 分别计算不同样品的冷却时间平均值,由式(20 - 8)求比热容,最后根据材料公认的比热容,分别求相对误差,分析产生误差的原因。

20.5　实验方法延伸和创新实训

(1) 训练发现问题的能力。本实验采用冷却法,探讨哪些是主要的冷却速率影响因素,根据实验原理,设计实验方案和操作步骤并记录数据及处理过程,根据测量结果提出自己的见解和主张。

(2)训练对比法解决问题的能力。本实验将铜的比热容视为已知,测量铁和铝的比热容,也可以将铁的比热容当作已知,求铜和铝的比热容,要求学生写出实验方案和操作步骤并记录数据及处理过程,对比实验测量结果,分析存在的差异。

(3)训练延伸实验方法的能力。本实验是用冷却法测固体的比热容,设计一种用冷却法测量液体比热容的方案,阐明如何制作实验样品、要满足哪些条件、实验原理是什么、写出操作步骤、记录数据及处理过程,根据测量结果提出自己的见解和需要改进之处。

第 21 章
金属线膨胀系数测定方案的探索

　　线膨胀系数,也称为线弹性系数,表示材料随温度变化而发生膨胀或收缩的程度,是反映材料热特征的物理量。对于某一温度点的线膨胀系数是指单位长度的材料每升高 1 ℃的伸长量;而某一温度区间的线膨胀系数,是材料的单位长度在某一温度区间内温度每升高 1 ℃的平均伸长量。在温度极低时,线膨胀系数随温度的升高很快增加,在德拜特征温度以上时趋于常数,它的绝对值与晶体结构和化学键强度密切相关。多相多晶结构和复合材料的线膨胀系数可以根据物相组成通过计算获知。

　　在工程结构设计、仪器制造、材料加工中都应充分考虑材料的线膨胀系数。例如,桥梁、房屋的长度和跨度设计,要考虑钢材和水泥的线膨胀系数;长度达到一定程度的建筑体之间,要预留膨胀缝,这是砌体结构的关键参数,它与材料的抗热震性、受热冲击、材料内部热应力的分布和大小密切相关。在复合材料和多相材料制造中,必须考虑其线膨胀系数的匹配和差异对结构与性能的影响;根据材料线膨胀系数随温度变化的关系,可以对材料进行矿物分析,相变、微裂纹的愈合和扩展等的研究。测量材料热膨胀系数可追溯到 18 世纪,荷兰物理学家 Musschenbrock 设计的测量装置。测量线膨胀系数的方法很多,本实验介绍用经典的光杠杆放大法测量材料的线膨胀系数,探索材料的伸长量与温度的关系。

21.1　实　验　目　的

　　(1) 掌握用光杠杆法测定金属棒的平均线膨胀系数。
　　(2) 熟悉几种测量长度的仪器及其误差的数量级。
　　(3) 学习用图解法求在温度为 0 ℃时的原长及线膨胀系数的方法。

21.2　实　验　原　理

当固体温度升高时,由于分子的热运动,固体微粒间距离增大,结果使固体膨胀。在常温下,固体线膨胀度随温度的变化为

$$L = L_0(1 + \alpha T) \tag{21-1}$$

式中,α 为固体的线膨胀系数,L_0 为 $T = 0\ ℃$ 时长度。实验表明,在温度变化不大时,α 是一个常量。设定在室温 T_1 时固体的长度为 L_1,温度升到 T_2 时的长度伸长量为 ΔL,由式(21-1)可知,

$L_1 = L_0(1 + \alpha T_1)$,$L_2 = L_1 + \Delta L = L_0(1 + \alpha T_2)$,消去 L_0,可得

$$\alpha = \frac{\Delta L}{L_1(T_2 - T_1) - T_1 \Delta L} \tag{21-2}$$

由于 ΔL 和 L 相比甚小,$L_1(T_1 - T_2) \gg T_1 \Delta L$,式(21-2)可近似为

$$\alpha = \frac{\Delta L}{L_1(T_2 - T_1)} \tag{21-3}$$

式(21-3)求得的 α 是在温度 T_1 至 T_2 范围内的平均线膨胀系数。

如图 21-1 所示,本实验利用光杠杆测量由温度变化而引起的长度微小变化量 ΔL。 实验时将待测金属棒直立在线膨胀系数测定仪的金属加热仪筒中,将光杠杆后足尖置于金属棒上端,前足置于固定台上的凹槽中。设定温度为 T_1 时,通过望远镜观察光杠杆的平面镜反射来的标尺的像,看见望远镜中叉丝横线与标尺上的刻度 n_1 刚好对齐;当温度升至 T_2 时,望远镜中叉丝横线移至

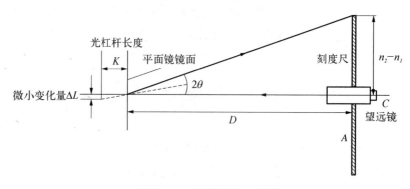

图 21-1　光杠杆原理示意图

与标尺上的刻度 n_2 对齐,由光杠杆原理可得

$$\Delta L = \frac{(n_2 - n_1)K}{2D} \qquad (21 - 4)$$

式中,D 是光杠杆镜面到直尺的距离,K 为光杠杆后足尖到两前足尖连线的垂直距离。将式(21-4)代入式(21-3)可得

$$\alpha = \frac{\mid n_2 - n_1 \mid K}{2DL_1(T_2 - T_1)} \qquad (21 - 5)$$

可见,只要测出 n_1、n_2、D、K、L_1、T_2、T_1,便可求得线膨胀系数 α。对于 $L_1 = 50\ \mathrm{cm}$ 的铜棒,其 α 的数量级为 $10^{-5}(\mathrm{℃})^{-1}$,若温度变化 $\Delta T = T_2 - T_1 \approx 100\ \mathrm{℃}$ 时其伸长量 ΔL 约为 $10^{-5}\ \mathrm{cm}$,因此 L_1 可近似取室温下的棒长值,T_1 和 n_1 是对应室温下 L_1 时光杠杆系统标尺上刻度的读数。

21.3　实 验 器 材

如图 21-2 所示,实验装置包括望远镜、刻度尺、光杠杆、待测金属棒、金属线、加热仪、温度控制开关及显示板、卷尺、游标卡尺。

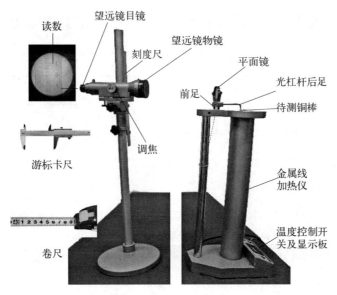

图 21-2　实 验 器 材

21.4 实 验 步 骤

（1）将铜棒取出，用米尺测量其长度 L_1，并记下室温 T_1。 然后把被测棒慢慢放入加热管道内，直到铜棒的下端接触到底部。本实验装置用温度传感器测量温度，如果用水银温度计测量温度，注意不要让温度计碰到加热壁。

（2）调节光杠杆平面镜法线大致与望远镜同轴，通过刀口进行调整，且平行于水平底座，该过程可以用水平仪进行调节；在望远镜中找到标尺的像，该过程需要调节望远镜位置、物镜和目镜的焦距。读数时，视线要水平，并且要在光杠杆平面镜法线与望远镜的轴线上。记录此时望远镜对应 L_1 的读数 n_1。

（3）打开电源，加热金属棒，测出不同温度时望远镜对应的读数 n_1、n_2……读数要又快又准，记录于表 21－1。

表 21－1   升温时温度及对应标尺的读数

温度 T/℃							
标尺刻度 n/cm							

（4）关闭电源，记录随着温度降低，望远镜对应的读数，记录于表 21－2。

表 21－2   降温时温度及标尺对应的读数

温度 T/℃							
标尺刻度 n/cm							

（5）用逐差法处理表 21－1 和表 21－2 中的实验数据，计算金属的线膨胀系数，并分析误差。

21.5   实验方法延伸和创新能力

（1）训练分析误差和有效数字的能力。由式（21－5）可知 n_1、n_2、D、K、

L_1 5 个物理量都是长度,但所用的测量工具不同,测量结果的有效数字和精度不同,L_1、n_1、n_2 由米尺测量,最小分度值是毫米,引入的误差较大。尤其是望远镜与平面镜之间的距离 D,因望远镜与平面镜不在一个平面内,用米尺测量,会明显高于实际值,且米尺较软,在悬空测量中难免会有弯折,使测量值偏大,请设计方案减小误差,并对测量结果进行校正。

（2）训练延伸实验测量范围的能力。由于线膨胀系数与温度、材质有关,温度能使线膨胀系数发生改变,本实验材料的线膨胀系数会受到温度和材质的影响,这种影响很难直接感知,但通过实验可以发现。设计实验探索温度对线膨胀系数的影响,并分析原因。

（3）训练延伸实验方法。本实验用光杠杆测量微小长度,设计实验方案延伸应用光杠杆测量其他场景的微小长度变化,写出测量步骤,并获得结果。

（4）训练应用光的劈尖干涉法测量微小长度变化。本实验是用光杠杆测量微小长度的,请设计实验方案应用光的劈尖干涉法测量微小长度变化,阐明实验原理和装置设计制作,写出测量步骤,并获得结果。

第 22 章
固体导热系数测定方案的探索

人类对热的认识经历了一个从错误到科学的过程,在 18 世纪中期,布莱克把热设想为一种没有质量的流体,称为热素,他认为热量可以从一个物体传给另一物体,但在传递中不会增加,也不会减少。玻尔哈夫则把热看成是钻进物体内部的高度可塑性粒子,没有重量,又彼此排斥,它能充满整个宇宙。傅里叶在 1822 年出版的《热的解析理论》一书中研究了热物质在物体中的传播,给出了热传导的经验定律,建立了著名的热传导方程。

热的传递可分为热传导、热对流和热辐射,其中的热传导是指发生在固体内部或静止流体内部的热量交换的过程。从微观上看,热传导是以自由电子或晶格振动作为载体进行热量交换的过程;宏观上,它是由于物体内部存在温度梯度,从高温部分向低温部分传递热量的过程。不同物体的导热性能不相同,导热性能较好的物体称为良热导体,导热性能较差的物体称为不良热导体。

导热系数是表征物质热传导性质的物理量,是物质导热性能的一个重要参数,通过导热系数,可判断哪些物质可以作为导热材料,哪些适合作为保温材料。热传导在生活中的应用越来越多,包括食品保鲜、路基工程、地质研究、热能交换、建筑工程、矿业安全与环保、暖通空调和粮食工业等。

测量导热系数的方法有稳态法和动态法两类。稳态法是先用热源对测试样品进行加热,并在样品内部形成稳定的温度分布,然后进行测量;动态法是根据待测样品中的温度分布随时间的变化规律进行测量,例如按周期性变化等。本实验探讨稳态法测量导热系数。

22.1　实 验 目 的

(1) 掌握稳态法测定导热系数的原理。

(2) 训练用稳态法测定良热导体和不良热导体的导热系数的操作方法。

(3) 学会将实验测量结果与公认值进行比较的方法,分析误差产生的原因。

22.2　实验仪器和用具

导热系数测定仪如图 22‑1 和 22‑2 所示。

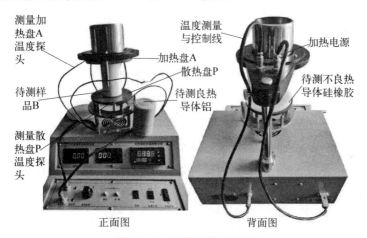

图 22‑1　导热系数实验仪

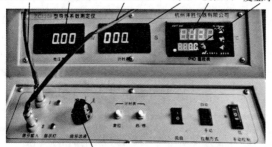

图 22‑2　导热系数实验仪操作面板

22.3 实 验 原 理

根据傅里叶导热方程,在物体内部,取两个垂直于热传导方向、彼此间相距为 h、温度分别为 T_1、T_2 的平行平面(设 $T_1 > T_2$),若平面面积均为 S,在 Δt 时间内通过面积 S 的热量 ΔQ 满足

$$\frac{\Delta Q}{\Delta t} = \lambda S \frac{T_1 - T_2}{h} \qquad (22-1)$$

式中,$\frac{\Delta Q}{\Delta t}$ 为热流量,λ 为该物质的导热系数,在数值上等于相距单位长度的两平面的温度相差 1 个单位时,单位时间内通过单位面积的热量,其单位是 W/(m·K)。

在支架上先放置散热盘 P,在散热盘 P 的上面放上待测样品 B,再把带发热器的圆铜盘 A 放在 B 上,发热器通电后,热量从 A 盘传到 B 盘,再传到散热盘 P,由于 A、P 盘都是良热导体,其温度可以代表待测样品 B 的上下表面温度 T_1、T_2,它们分别由插入 A、P 盘边缘小孔热电偶 E 测量。热电偶的冷端则浸在杜瓦瓶中的冰水混合物中,通过信号输入切换开关 G 控制,切换 A、P 盘中的热电偶与数字电压表的连接。由式(22-1)可知,单位时间内通过待测样品 B 任一圆截面的热流量为

$$\frac{\Delta Q}{\Delta t} = \lambda \frac{T_1 - T_2}{h_B} \pi R_B^2 \qquad (22-2)$$

式中,R_B 为样品的半径,h_B 为样品的厚度,当热传导达到稳定状态时,T_1 和 T_2 的值不变,于是通过待测样品 B 的热流量与由散热盘 P 向周围散热的速率相等,因此,可通过散热盘 P 在稳定温度 T_2 时的温度下降速率求散热速率 $\frac{\Delta Q}{\Delta t}$。

散热速率 $\frac{\Delta Q}{\Delta t}$ 的测量方法如下:在测得稳定时的 T_1、T_2 后,即将待测物 B 盘移去,而使 A 盘的底面与散热盘 P 直接接触。当散热盘 P 的温度上升到

高于稳定时的值 T_2 若干度后,再将加热盘 A 与散热盘 P 分开,让散热盘 P 自然冷却。观察并记录散热盘 P 的温度 T 从高于 T_2 降至低于 T_2,随时间 t 的数值变化。根据此温度与时间的对应关系,求散热盘 P 在 T_2 时的温度下降速率 $\dfrac{\Delta T}{\Delta t}\Big|_{T=T_2}$,由此可得散热盘 P 在 T_2 时的散热速率 $\dfrac{\Delta Q}{\Delta t}=mc\dfrac{\Delta T}{\Delta t}\Big|_{T=T_2}$($m$ 为散热盘 P 的质量,c 为散热盘的比热容)。但要注意,这样求出的温度下降速率 $\dfrac{\Delta T}{\Delta t}$ 是散热盘 P 全部表面暴露于空气中的冷却速率,其散热表面积为 $2\pi R^2 + 2\pi R_P h_P$(其中 R_P 与 h_P 分别为铜盘的半径与厚度)。然而,在观察测试样品的稳态传热时,P 盘的上表面(面积为 πR_P^2)是被样品和绝热材料覆盖着的,不参与散热,因此在稳态时铜盘起散热作用的表面积为 $\pi R^2 + 2\pi R_P h_P$。 考虑到物体的冷却速率与它的表面积成正比,则稳态时铜盘散热速率的表达式应做如下修正:

$$\frac{\Delta Q}{\Delta t}=mc\frac{\Delta \theta}{\Delta t}\frac{(\pi R_P^2 + 2\pi R_P h_P)}{(2\pi R_P^2 + 2\pi R_P h_P)} \qquad (22-3)$$

将式(22-3)代入式(22-2),得

$$\lambda=mc\frac{\Delta T}{\Delta t}\frac{(R_P+2h_P)h_B}{(2R_P+2h_P)(T_1-T_2)}\frac{1}{\pi R_B^2} \qquad (22-4)$$

式(22-4)包含散热盘 P 的几何量、质量、比热容和温度下降速率,待测样品 B 的几何量,稳态时加热圆盘 A 的温度。

22.4　实　验　内　容

本节以测量不良热导体(硅橡胶材料)的导热系数为例,介绍实验操作步骤。

(1) 把硅橡胶盘 B 放在加热盘 A 和散热盘 P 之间,调节散热盘 P 下方的三颗螺丝,使待测硅橡胶盘 B 与加热盘 A 和散热盘 P 紧密接触,必要时涂上导热硅胶以保证接触良好。

(2) 在杜瓦瓶中放入冰水混合物,将热电偶的冷端插入杜瓦瓶中,此时冷端的温度为 0 ℃;如果将热电偶的冷端直接置于空气中,则冷端的温度为室温。热端分别插入加热盘 A 和散热盘 P 侧面的小孔中,并分别将热电偶的接线连接到导热系数测定仪的传感器 Ⅰ、Ⅱ 上。

(3) 接通电源,将加热开关置于高挡,当传感器 Ⅰ 的温差电压 U_1 约为 4.2 mV 时,再将加热开关置于低挡。

(4) 在信号输入传感器 Ⅰ、Ⅱ 之间切换,观察各自的温差电压,如果高温端传感器 Ⅰ 的温差电压 U_1 在 10 min 内的变化小于 0.03 mV;低温端传感器 Ⅱ 的温差电压 U_2 在 10 min 内的变化也小于 0.03 mV,则表明系统吸热与散热平衡,达到稳定状态,此时,每隔 2 min 记录 U_1 和 U_2 的值于表 22 - 1 中。

表 22 - 1　稳态时温差电压 U_1、U_2 的数据

序　次	1	2	3	4	5	平均值
U_1 /mV						
U_2 /mV						

(5) 测量散热盘 P 稳态时温度 T_2 附近的温度下降速率 $\Delta T/\Delta t$:移开加热盘 A,取下待测材料硅橡胶盘,并使加热盘 A 与散热盘 P 直接接触;加热,当散热盘 P 的温度上升到高于稳态时的温度时,再将加热盘 A 移开,让散热盘 P 自然冷却,每隔 30 s 记录一次温差电压 U_2 的值于表 22 - 2 中。以时间为横坐标,温差电压为纵坐标作图,在 U_2 值附近,选取两点,求 T_2 处的直线斜率,即为散热盘 P 在 U_2 时的温度下降速率 $\Delta T/\Delta t$。

表 22 - 2　测量温度下降速率

时间/s	30	60	90	120	150	180	210	240
U_2 /mV								

(6) 用游标卡尺测量待测材料(如硅橡胶盘)几何尺寸,如直径和厚度,各 5 次记于表 22 - 3。

表 22‑3　测量待测材料(如硅橡胶盘)的几何尺寸

序　次	1	2	3	4	5	平均
直径 D_B/cm						
高度 h_B/cm						

(7) 测量散热盘 P 的直径、厚度、质量,记录于表 22‑4。

表 22‑4　散热盘 P 的参数

序　次	1	2	3	4	5	平均
直径 D_P/cm						
高度 h_P/cm						
质量 m_P/cm						

需要说明的是,由于热电偶冷端温度为 0 ℃,所以当温度变化范围不太大时,其温差电压值与待测温度值的比是一个常数,因此在用式(22‑4)计算 λ 值时,可直接用温差电压的数值取代温度值。

(8) 将上述直接测得的物理量最佳值代入式(22‑4),计算待测材料(硅橡胶)的导热系数,铜材的比热取 $c = 0.091\,97\ \text{cal} \cdot \text{g}^{-1} \cdot \text{℃}^{-1}$ 并估算不确定度。

22.5　实验方法延伸和创新实训

(1) 训练模仿能力。延伸应用稳态法测量不同形状的良热导体的导热系数。上述介绍了不良热导体(硅橡胶材料)的导热系数测量方案,延伸应用稳态法,仿照本方案,自行设计一个测量不同形状良热导体的导热系数,如金属。写出实验操作步骤、数据记录表格、计算结果,并分析误差产生原因。

(2) 训练实验装置的设计制作能力。设计一个测试外筒,测量小麦稻谷的导热系数,要求加保温隔热套,既方便物料的装填,又可避免环境温度变化带来测量误差。所得数据用 EXCEL、SAS 等软件处理,探索小麦稻谷的导热系数与水分、温度的关系。

第 23 章
液体的黏滞系数与温度关系的探索

　　黏滞系数是反映流体黏性阻力大小的物理量。牛顿于 1687 年采用实验的方法开始研究流体的黏性,发现在水、空气中运动的物体受到的阻力与流速梯度成线性关系。为了纪念牛顿在流体力学方面的贡献,人们将阻力与流速梯度成线性关系的流体称为牛顿流体。液体的黏滞系数又称为内摩擦系数或黏度,是描述液体内摩擦力性质的一个重要物理量,它表征液体反抗形变的能力,只有在液体内存在相对运动时才表现出来。液体的黏滞系数因材料而异,随着温度的升高而减小,气体则相反。

　　研究和测定液体的黏滞系数在材料科学、工程技术等领域有很重要的价值,例如,通过测量血液等生理液体的黏滞系数诊断人体的健康状况,是心血管疾病和疑难杂症的重要诊断手段;在钻井、固井的各个阶段中,对黏度的正确测量和控制,可提高钻井效率和定井的质量;通过比较液体的黏度,可得知待测液体的纯度,这种方法在食品检测,化学物品检测方面有很大的应用价值。

　　测量液体黏滞系数的方法有落球法、转筒法、阻尼振动法,常用的黏度计有毛细管式、锥板式、超声波式黏度计。本实验介绍落针法测量黏滞系数及其随温度的变化。

23.1　实　验　目　的

　　(1) 学习并掌握测量液体黏滞系数的原理和方法。
　　(2) 训练落针法测量油的黏滞系数的操作技能。
　　(2) 训练用实验方法探索黏滞系数与温度的关系。

23.2　实验仪器和用具

如图 23-1 所示,实验装置包括变温黏滞系数实验仪、温度传感器、霍尔速度传感器、落针、外玻璃圆管、进液管、出液管等。

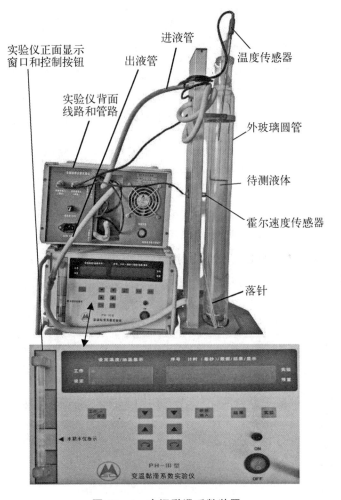

图 23-1　变温黏滞系数装置

装有待测液体的外圆管(半径为 R_1)竖直固定在底座上,底座下部有调水平的螺钉,用一气泡水准器指示底座的水平。底座上竖立的支架中部装有霍尔速度传感器、温度计和取针器。圆管顶部的盖子上装有投针装置（发射器），它包括喇叭形的导环和带永久磁铁的拉杆，此导环便于取针和让针沿圆管轴线下落。当取针器把针由圆管底部提起时，针沿导环到达盖子顶部，被拉杆上的永久磁铁吸住，拉起拉杆，针将沿圆管轴线自动下落。

落针由有机玻璃制成，其外半径为 R_2，内置铅条和永久磁铁，平均密度为 $\rho_{针}$，在针内部的两端装有永久磁铁，两磁铁异名磁极相对，而同名磁极间的距离为 L_0。

灵敏度极高的圆柱状开关型霍尔传感器固定在仪器本体上，输出信号接到单板机计时器上，每当磁铁经过霍尔传感器附近时，传感器输出一个矩形脉冲，同时由发光二极管（LED）指示。

以单板机为基础的多功能毫秒计用以计时和处理数据，由 6 个数码管显示，单板机计时器不仅可以计数、计时，还有存储、运算和输出等功能。

23.3 实 验 原 理

在半径为 R_1 的圆管中装满黏滞系数为 η 的液体，让长为 L、半径为 R_2 的圆柱形针在管中沿轴线垂直下落，如图 23-2 所示，若离中心轴线距离为 r 的圆管状液层的速率为 v，则作用在高为 L 的圆筒状液面上的黏滞力为 $f = 2\pi L\eta r\dfrac{\mathrm{d}v}{\mathrm{d}r}$，而作用在半径为 $r+\mathrm{d}r$ 的圆筒状液面上的黏滞力为 $f+\dfrac{\mathrm{d}f}{\mathrm{d}r}\mathrm{d}r$，所以作用在这两个圆筒状液面之间的液体上的黏滞力为 $\dfrac{\mathrm{d}f}{\mathrm{d}r}\mathrm{d}r = 2\pi L\eta\dfrac{\mathrm{d}}{\mathrm{d}r}\left(r\dfrac{\mathrm{d}v}{\mathrm{d}r}\right)\mathrm{d}r$，而在这两个圆状液面之间的液体上下面的压强差 p_1-p_2 构成的力为 $-2\pi r\mathrm{d}r(p_1-p_2)$，这个力与黏滞力 $\dfrac{\mathrm{d}f}{\mathrm{d}r}\mathrm{d}r$ 相平衡，即

$$-2\pi r(p_1-p_2)\mathrm{d}r = 2\pi L\eta\dfrac{\mathrm{d}}{\mathrm{d}r}\left(r\dfrac{\mathrm{d}v}{\mathrm{d}r}\right)\mathrm{d}r \quad (23-1)$$

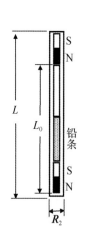

图 23-2 落针结构示意图

改写式（23-1）得

$$\frac{\mathrm{d}}{\mathrm{d}r}\left(r\,\frac{\mathrm{d}v}{\mathrm{d}r}\right)=\frac{-r(p_1-p_2)}{L\eta} \tag{23-2}$$

式(23-2)左右两边同乘 $\mathrm{d}r$ 并进行定积分可得

$$\int_{f_1/2\pi L\eta}^{f/2\pi L\eta}\frac{1}{2\pi L\eta}\mathrm{d}f=\int_0^r\left[\frac{-r(p_1-p_2)}{L\eta}\right]\mathrm{d}r \tag{23-3}$$

式中, $f=2\pi L\eta r\dfrac{\mathrm{d}v}{\mathrm{d}r}$, $f_1=\dfrac{2\pi L\eta v+\pi(p_1-p_2)(R_1^2-R_1^2)/2}{\ln(R_1/R_2)}$ 是半径为 R_2 的圆柱形针在半径为 R_1 的圆管下落的初始黏滞力。若针在下落时的速率为 v_0, 可解得

$$\frac{\mathrm{d}v}{\mathrm{d}r}=\frac{-(p_1-p_2)}{L\eta}r+\frac{v_0+(p_1-p_2)(R_1^2-R_2^2)/4L\eta}{r\ln(R_1/R_2)} \tag{23-4}$$

再积分一次得

$$v=\frac{-(p_1-p_2)}{2L\eta}(R_1^2-r^2)+\frac{v_0+(p_1-p_2)(R_1^2-R_2^2)/4L\eta}{\ln(R_1/R_2)}\ln(R_1/r) \tag{23-5}$$

在单位时间内被落针推开的液体流量($\pi v_0 R_2^2$)根据质量守恒方程应等于针与圆管间隙的流量 $\displaystyle\int_{R_1}^{R_2}2\pi rv\,\mathrm{d}r$, 即

$$\int_{R_1}^{R_2}2\pi rv\,\mathrm{d}r=\pi v_0 R_2^2 \tag{23-6}$$

把式(23-5)代入式(23-6), 并积分得

$$\eta=\frac{p_1-p_2}{4Lv_0}\big[(R_1^2+R_2^2)\ln(R_1/R_2)-(R_1^2-R_2^2)\big] \tag{23-7}$$

由于针在液体中下落时,受到向上的力为针上下端面的压强差所产生的力 $\pi R_2^2(p_1-p_2)$、作用在针侧面的黏滞力 $2\pi R_2 L\eta\left(\dfrac{\mathrm{d}v}{\mathrm{d}r}\right)_{r=R_2}$ 与浮力 $\pi R_2^2 L\rho_{液}g$ 三者之和,而向下的力为重力 $\pi R_2^2 L\rho_{针}g$。 当针在待测液体中沿圆管中轴线垂直下落时,黏滞力随速率的增加而增大,增大到一定程度,针所受向上与向下的力达到平衡,则针以 v_0 匀速下落,所以有

$$\pi R_2^2 L \rho_{\text{针}}\, g = \pi R_2^2 (P_1 - P_2) + 2\pi R_2 L \eta \left(\frac{\mathrm{d}v}{\mathrm{d}r}\right)_{r=R_2} + \pi R_2^2 L \rho_{\text{液}} g \qquad (23-8)$$

式中，$\rho_{\text{液}}$ 为待测液体的密度，$\rho_{\text{针}}$ 为针的密度，$\left(\dfrac{\mathrm{d}v}{\mathrm{d}r}\right)_{r=R_2}$ 为 $r = R_2$ 时针下落的速率。由式(23-4)和(23-7)可知

$$\eta \left(\frac{\mathrm{d}v}{\mathrm{d}r}\right)_{r=R_2} = \frac{(p_1 - p_2)}{4LR_2}(R_1^2 - R_2^2) \qquad (23-9)$$

将式(23-9)代入(23-8)可得

$$p_1 - p_2 = \frac{2LR_2^2 g(\rho_{\text{针}} - \rho_{\text{液}})}{R_1^2 + R_2^2} \qquad (23-10)$$

将式(23-10)代入(23-7)得

$$\eta = \frac{gR_2^2(\rho_{\text{针}} - \rho_{\text{液}})}{2v_0}\left(\ln\frac{R_1}{R_2} - \frac{R_1^2 - R_2^2}{R_1^2 + R_2^2}\right) \qquad (23-11)$$

式(23-11)是假设容器的深度和针的长度均为无限，而实际的圆管深度和针的长度均为有限，所以应以针实际匀速下落的速率 u 代替 v_0。这时式(23-11)要加一修正因子 $C = 1 + \dfrac{4R_2}{3(L - 2R_1)}$，因此式(23-11)要改写成

$$\eta = \frac{CgR_2^2(\rho_{\text{针}} - \rho_{\text{液}})}{2u}\left(\ln\frac{R_1}{R_2} - \frac{R_1^2 - R_2^2}{R_1^2 + R_2^2}\right) \qquad (23-12)$$

若针匀速下落距离 L_0 的时间为 t，则可得 $u = L_0/t$，代入式(23-12)得

$$\eta = \frac{CgR_2^2 t}{2L_0}(\rho_{\text{针}} - \rho_{\text{液}})\left(\ln\frac{R_1}{R_2} - \frac{R_1^2 - R_2^2}{R_1^2 + R_2^2}\right) \qquad (23-13)$$

式中，针的密度 $\rho_{\text{针}} = \dfrac{m}{\pi R_2^2 L}$，即针的质量 m 除以针的体积。由式(23-13)可知需要直接测量的物理量有针的外径 R_2、长度 L、质量 m、匀速下落的距离 L_0 及所需的时间 t、筒的内径 R_1、待测液体的密度 $\rho_{\text{液}}$。

23.4 实 验 内 容

(1) 用游标卡尺测量针的直径 $2R_2$、外圆管直径 $2R_1$；用钢直尺测量针的

长度 L、两同名磁极间的距离 L_0，每个量在不同部位测 5 次；用物理天平称出针的质量 m，称 5 次；用密度计测量待测液体的密度 $\rho_{液}$ 5 次。数据记入表 23-1 中。

（2）将落针放入外圆管的待测液体中，然后盖上盖子，从温度计上读出实验时的温度 T_1。

（3）接通电源，此时单板机计时器应显示"PH-2"，否则应按"复位"键。利用取针器将针悬挂在圆管上端的磁铁上。然后将取针器送至底座转向放置，以避免取针器上的磁铁对落针产生影响。按单板机键盘上的"实验"键，数码管显示"－"单板机处于待命状态。

（4）稍微转动盖子，将针调到圆管中轴线上，待液体稳定后，拉起发射器上的磁铁，让针沿圆管轴线下落，这时霍尔传感器被触发，计时器工作，等候约 16 s，数码显示针下落距离 L_0 的时间 t（单位：ms），记入表 23-1 中。

（5）重复测量时间 5 次，重复测量时应先按"复位"键，再重复步骤（3）和（4），结果记入表 23-1 中。

表 23-1　实验测量结果（$T_1 = $____ ℃）

待测物理量	第 1 次	第 2 次	第 3 次	第 4 次	第 5 次	平均值
针长度 L/mm						
针外径 $2R_2$/mm						
针质量 m/g						
针密度 $\rho_{针}$/g·mm^{-3}						
同名磁极间距 L_0/mm						
管内径 R_1/mm						
下落时间 t/s						
待测液体的密度 $\rho_{液}$/g·mm^{-3}						
黏滞系数 η_1/Pa·s						
误差估算						

(6) 根据表 23-1 的测量结果,代入式(23-13)求黏滞系数 η,估算误差。

(7) 打开变温黏滞系数实验仪的加热和温控功能,改变温度分别为 T_2、T_3、T_4、T_5、T_6,重复上述操作步骤(3)(4)(5)和(6),计算不同温度下液体的黏滞系数 η_2、η_3、η_4、η_5、η_6。以温度 T 为横坐标,黏滞系数 η 为纵坐标作图,根据图像分析总结同种液体温度与黏滞系数的关系。

23.5　实验方法延伸和创新实训

(1) 训练实验误差分析能力。根据式(23-12)求黏滞系数 η,把修正因子 C、g 看作常数,引起的误差忽略不计,利用误差传递合成方法,推导黏滞系数 η 的误差与直接测得物理量的函数关系,估算黏滞系数 η 的相对误差。写出详细的推导过程,根据函数关系逐项分析物理量对误差的贡献,并指出产生误差的主要因素,提出减小误差的方法。

(2) 训练类比和模仿的探索能力。本实验介绍了测量同种液体黏滞系数的落针法,延伸应用该方法测量不同液体的黏滞系数,探索不同液体的黏滞系数与温度的关系。设计实验方案,写出实验原理、操作步骤、实验结果,并进行对比分析。

(3) 训练对实验装置的改进能力。本实验采用针作为在待测液体中运动的物体,根据针在待测液体中的动力学情况,找到黏滞系数与相关物理量的函数关系。如果将针改为小球,推导小球在待测液体中与其他物理量的动力学函数关系,写出实验原理、操作步骤、实验结果,并与针进行对比分析。

(4) 训练实验方法的延伸能力。本实验是在已知待测液体密度情况下,测量黏滞系数,如果待测液体的密度和黏滞系数都未知,设计实验方案,用本实验装置,取两个密度不同的针,测量同种液体的密度和黏滞系数,阐明实验原理、操作步骤,获得实验结果。

第 24 章
金属温差电效应的探索与应用

　　本实验介绍温差电效应的塞贝克效应、珀耳帖效应、汤姆孙效应。托马斯·约翰·塞贝克(Thomas Johan Seebeck)于 1821 年将两种不同的金属导线首尾相连形成一个结点,构成一个电流回路,发现如果把其中的一个结加热到很高的温度,而另一个结保持低温,电路周围存在磁场,这说明导线存在电势差和电流,这种温差电现象称为塞贝克效应。现在已探明导体和半导体均存在塞贝克效应,它的实质在于两种材料接触时会产生接触电势差,该电势差取决于材料的电子逸出功和有效电子密度。由于金属的载流子浓度和费米能级的位置基本上不随温度而变化,所以金属的塞贝克效应较小,一般塞贝克系数为 0～10 mV/K。根据金属塞贝克效应可制成温差电偶测量温度,测量－180 ℃～＋2 000 ℃的温度,例如,采用铂和铂合金制作的热电偶温度计,可以测量高达＋2 800 ℃的温度,因此金属温差电偶广泛地应用于温度测量和传感器中。

　　珀耳帖(Peltier)于 1834 年在铜丝的两头各接一根铋丝,再将两根铋丝分别接到电源的正负极上,通电后发现一个接头变热温度升高,另一个接头变冷温度降低。后来将这种因电流流过不同材料而产生的温差电现象,称为珀耳帖效应。珀耳帖效应可应用于制冷或制热,自 20 世纪 80 年代以来,人们应用半导体材料的珀耳帖效应开发了热电制冷的产品,性能已达到可实际应用的水平。

　　汤姆孙(Thomson)于 1856 年利用自己创立的热力学原理对塞贝克效应和珀耳帖效应进行分析,找到了塞贝克系数和珀耳帖系数之间的关系,从理论上预言了当电流在温度不均匀的同一导体中流过时,导体除产生不可逆的焦耳热之外,还要吸收或放出一定的热量,或者反过来,当一根金属棒的两端温度不同时,会形成电势差,后来称这一现象为汤姆孙效应。汤姆孙效应是当金属导体中温度不均匀时,自由电子从温度高端向温度低端扩散,在低温端堆积而形成电场,产生电势差,直到电场力对电子的作用与电子的热扩散平衡为止。汤姆孙在 24 岁时发表热力学专著,建立了"绝对热力学温标";27 岁发表《热力学理论》,建立了热力学第二定律;与焦耳共同发现气体扩散时的焦耳-汤姆孙效应。

24.1 实 验 目 的

(1) 学习温差电效应的物理机理。

(2) 掌握测量塞贝克系数、汤姆孙系数和珀耳帖效应制冷或制热效率的方法。

(3) 探索温差电效应的应用。

24.2 实 验 原 理

本实验主要介绍经典温差电效应中的金属塞贝克效应、珀耳帖效应和汤姆孙效应。

24.2.1 金属的塞贝克效应

将两种不同导电材料 a 和 b 连接成回路,两个接触点 C、D 的温度分别为 T_C 和 T_D,在端点 M 与 N 之间接入电流表,如图 24-1(a)所示,因温差产生的回路电流 I 称为热电流或温差电流,回路电流激发磁场;如图 24-1(b)所示,在两端点 M、N 之间接入电压表,因温差产生的电动势 E_{ab} 称为塞贝克电动势,这种因温差而产生的电现象,称为塞贝克效应,又称为第一热电效应。塞贝克电动势与温差成正比:

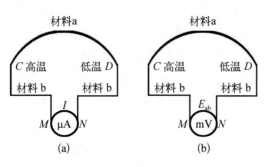

图 24-1 塞贝克效应

(a) 接电流表;(b) 接电压表

$$E_{ab} = (S_b - S_a)(T_D - T_C)$$
$$= S_{ab} \Delta T_{CD} \qquad (24-1)$$

式中，S_a 与 S_b 分别为两种材料 a 和 b 的绝对塞贝克系数，S_{ab} 是材料 a 和 b 的相对塞贝克系数，单位为 V/K，ΔT_{CD} 为两接触点的温差。式(24-1)表明：塞贝克电动势取决于材料性质 S_a 和 S_b，以及两个端点的温差 ΔT_{CD}；S_{ab} 是 E_{ab} 随 ΔT_{CD} 变化关系的直线斜率，用电压表可测得 E_{ab}，用温度计可测得 T_C 和 T_D，代入式(24-1)可间接测得相对塞贝克系数；不同的两种材料组合，E_{ab} 正负不同，电流的方向不同；两个端点温度的高低不同，电流的方向也不同。

塞贝克对不同金属材料进行了测量，得到的序列为 Bi-Ni-Co-Pd-U-Cu-Mn-Ti-Hg-Pb-Sn-Cr-Mo-Rb-Ir-Au-Ag-Zn-W-Cd-Fe-As-Sb-Te……序列中任意两种金属构成闭合回路时，电流从排序较前的金属经热接头流向排序较后的金属。

如果测量材料的绝对塞贝克系数，需要选择三种材料 a、b 和 c 或三种以上材料，进行 a 与 b、a 与 c、b 与 c 三种或以上的不同组合。根据式(24-1)分别有

$$S_{ab} = S_b - S_a = E_{ab}/(T_{Db} - T_{Ca}) \tag{24-2}$$

$$S_{ac} = S_c - S_a = E_{ac}/(T_{Dc} - T_{Ca}) \tag{24-3}$$

$$S_{bc} = S_b - S_c = E_{bc}/(T_{Dc} - T_{Cb}) \tag{24-4}$$

式中，S_a、S_b 和 S_c 分别为材料 a、b 和 c 的绝对塞贝克系数。为了减小误差，利用多次测量，分别求式(24-2)、式(24-3)和式(24-4)的直线斜率，然后再求解方程组，可分别求得绝对塞贝克系数 S_a、S_b 和 S_c。

半导体材料与金属材料一样存在塞贝克效应，且比导体显著。

24.2.2　珀耳帖效应

将两种不同的导体 a 和 b 连接，如图 24-2 所示，两个接触头为 C、D；在端点 M、N 之间接入直流电源 E 和电流表构成回路，电流为 I；珀耳帖发现两个接触头 C、D 中，一个低于环境温度吸收热量，一个高于环境温度放出热量，温度分别为 T_C 和 T_D；这种因电流流过不同材料的接触点而产生的温差

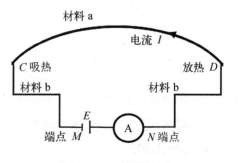

图 24-2　珀耳帖效应

现象,称为珀耳帖效应,又称为第二热电效应。吸收或放出的热量称为珀耳帖热 J,它与电流强度 I 成正比

$$J = P_{ab} I \qquad (24-5)$$

式中,P_{ab} 称为导体 a 和 b 之间的相对珀耳帖系数,单位为伏(V)。P_{ab} 为正值时,表示吸热,反之为放热,由于吸放热是可逆的,所以 $P_{ab} = -P_{ba}$。相对珀耳帖系数与绝对珀耳帖系数的关系为

$$P_{ab} = P_b - P_a \qquad (24-6)$$

式(24-5)是利用珀耳帖效应制冷或制热的理论依据。

由于高温端放出的珀耳帖热,使高温端温度 T_D 高于环境温度 T_0 和低温端温度 T_C,高温端放出的珀耳帖热 J 正比于 $T_D - T_0$,低温端吸收的珀耳帖热 J 正比于 $T_0 - T_C$,设它们的比例系数同为 α,代入式(24-5),则有

$$\alpha(T_D - T_0) = P_{ab} I \qquad (24-7)$$

$$\alpha(T_0 - T_C) = P_{ab} I \qquad (24-8)$$

由式(24-7)、式(24-8),得

$$T_D - T_C = \frac{2P_{ab}}{\alpha} I = \eta I \qquad (24-9)$$

式中,α 的单位为 $J \cdot K^{-1}$,其物理意义是每产生 1 K 的温差所需的能量;系数 $\eta = 2P_{ab}/\alpha$ 的单位为 $K \cdot A^{-1}$,其物理意义是 1 A 的电流所能产生的温差,反映电流通过组合材料的制冷或制热的效率。根据式(24-9)可测量组合材料的制冷或制热的效率 $\eta = (T_D - T_C)/I$。

半导体材料比金属材料的珀耳帖效应更显著,现已应用于新的制冷方法。

24.2.3 汤姆孙效应

由上述可知,塞贝克效应是因两种不同材料接触点的温差而产生电动势,珀耳帖效应是因电流流过两种不同材料的接触点产生温差。在此基础上,汤姆孙认为,对于同种金属中如果温度不均匀,温度高处的自由电子比温度低处的自由电子动能大,自由电子会从温度高端向温度低端扩散,在低温端聚积,在导体内形成电场,产生电势差,自由电子的扩散作用直到产生的电

场力对电子的作用与电子的
热扩散平衡为止。因此对于
同一材料的金属棒,如果两端
温度不同,会形成电势差,如
图 24 - 3(a)所示,在同种材料
中温度不同也能产生塞贝克
效应;如果有电流流过温度不
均匀的同一导体,除产生焦耳
热,也会吸收或放出一定的热

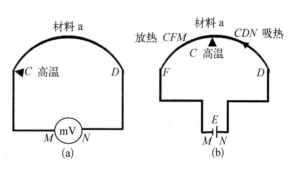

图 24 - 3　汤姆孙效应

(a) 温度不同;(b) 温度不均匀

量,如图 24 - 3(b)所示,流过同种材料只要温度不均匀也能产生珀耳帖效应。
后来称这种温差电现象为汤姆孙效应,又称为第三热电效应。汤姆孙还认为珀
耳帖系数与塞贝克系数之间存在倍数关系。

　　由汤姆孙效应可知,如果在金属棒两端点之间的 C 处加热,同时保持材料
a 的两端点 M 和 N 的温度不变,电流按 $NDCFM$ 流动,如图 24 - 3(b)所示,发
现 NDC 段吸热,CFM 段放热,称这种热为汤姆孙热;若改变电流方向,则两段
吸、放热的状态互换。电子在温度高处动能较大,它们将向温度低的两端扩散,
载流子受到一个等效的非静电力的作用,图中材料 a 的两段 NDC 和 CFM 可
等效为两个方向指向 C 的电动势。当外加电源 E 提供的电流 I 由 N 经 C 流
向 M 的过程中,在 NDC 段非静电力做正功,内能减小,温度降低,吸收汤姆孙
热;在 CFM 段非静电力做负功,内能增加,温度升高,放出汤姆孙热。吸收或
放出的汤姆孙热 Q_T 与电流 I 和温度梯度 dT/dl 的乘积成正比:

$$Q_T = \int_l T_m I \frac{dT}{dl} dl \qquad (24 - 10)$$

式中,T_m 称为汤姆孙系数,其值与金属材料及温度有关,单位为 V/K;l 为高温
端到低温端之间的长度,如图 24 - 3(a)中的 CDN 和 CM,图 24 - 3(b)中的
CDN 和 CFM。

　　实验表明,作用在单位正电荷上的非静电力产生的电场强度大小 $E_{非}$ 与该
点的温度 T 以及温度梯度 dT/dl 的关系为

$$E_{非} = T_m \frac{dT}{dl} \qquad (24 - 11)$$

设金属棒两端的温度分别为 T_1、T_2，由该温差产生的金属棒电动势称为汤姆孙电动势，为

$$\varepsilon_{T\mathrm{m}} = \int_0^l T_\mathrm{m} \frac{\mathrm{d}T}{\mathrm{d}l} \mathrm{d}l = \int_{T_1}^{T_2} T_\mathrm{m} \mathrm{d}T \tag{24-12}$$

如果汤姆孙系数是不随温度改变的常数，则式(24-12)可改写为

$$\varepsilon_{T\mathrm{m}} = T_\mathrm{m}(T_2 - T_1) = T_\mathrm{m} \Delta T \tag{24-13}$$

由式(24-13)可知，图24-3(a)中的 CDN 和 CM 的汤姆孙电动势分别为

$$\varepsilon_{CDN} = T_\mathrm{m}(T_C - T_N) = T_\mathrm{m} \Delta T_{CN} \tag{24-14}$$

$$\varepsilon_{CM} = T_\mathrm{m}(T_C - T_M) = T_\mathrm{m} \Delta T_{CM} \tag{24-15}$$

式中，T_C、T_M、T_N 分别为 C、M、N 处的温度。由式(24-14)和式(24-15)可得 CDN 和 CM 的汤姆孙电动势的差值为

$$\Delta\varepsilon = \varepsilon_{CM} - \varepsilon_{CDM} = T_\mathrm{m}(T_N - T_M) = T_\mathrm{m} \Delta T_{MN} \tag{24-16}$$

由式(24-16)可知，分别测出金属棒两端的温度 T_M、T_N 和对应的电压 $\Delta\varepsilon$，代入式(24-16)可求得汤姆孙系数：

$$T_\mathrm{m} = \frac{\Delta\varepsilon}{\Delta T_{MN}} \tag{24-17}$$

24.3　实验仪器和用具

本实验装置包括塞贝克效应实验仪(见图24-4)、珀耳帖效应实验仪(见图24-5)和汤姆孙效应实验仪(见图24-6)。

根据式(24-1)可知，塞贝克效应实验仪必须具有如下功能和结构：

(1) 加热功能，改变待测材料的温度，如图24-4中的热源，电压调节控制热源发热的快慢，金属盖保护发热源，防止手烫伤；

(2) 测量材料接触点温度的温度计(T1、T2、T3)；

(3) 测量温差电压的电压表(mV1、mV2)，测量温差电流的电流表(μA)。

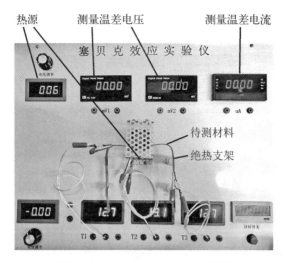

图 24-4　塞贝克效应实验仪面板

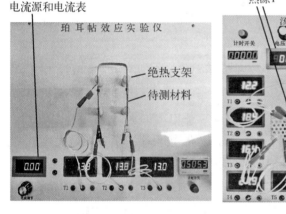

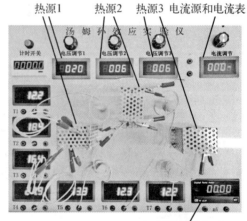

图 24-5　珀耳帖效应实验仪面板　　　　图 24-6　汤姆孙效应实验仪面板

根据式(24-7)可知,珀耳帖效应实验仪必须具有如下结构:

(1) 电流源,改变通过待测材料的电流,如图 24-5 中的电流源,电流调节控制通过材料的电流大小;

(2) 测量材料接触点温度的温度计(T1、T2、T3)。

根据式(24-11)可知,汤姆孙效应实验仪必须具有如下功能和结构:

(1) 加热功能,改变待测材料的温度,如图 24-6 中的热源和加热电源(电压调节 1、电压调节 2、电压调节 3),电压调节控制热源发热的快慢,金属盖保

护发热源,防止手烫伤;

  (2)测量材料接触点温度的温度计(T1、T2、T3、T4、T5、T6、T7);

  (3)测量温差电压的电压表(mV);

  (4)电流源,改变通过待测材料的电流,电流调节控制通过材料的电流大小。

24.4 实 验 内 容

  本实验选用的待测金属材料有铜 a、铝 b 和铁 c 三种。

24.4.1 绝对塞贝克系数和相对塞贝克系数的测量

  (1)将待测金属材料按"铝—铜—铝"的次序接好,将其中一个接触点 C 在热源中穿过,并固定在绝热支架上,如图 24-4 所示。

  (2)将温度测量探头 T1、T2 分别与接触点 C 和 D 相连,测量对应接触点的温度。

  (3)将测量温差电流的电流表(μA)用导线与铝的两端点 M 和 N 相连,构成回路,如图 24-1(a)所示。

  (4)调节热源的电压调节旋钮,以改变加热电源的输出电压和电流,给 C 端接触点材料加热,使温度升高;示值从零开始,按表 24-1 方案增大(或自行设计方案)。加热电源与发热管的连线已在实验仪内部接好。

  (5)先将加热电压调到 50 V,待高温端温度 T_1 读数和低温端温度 T_2 读数稳定后,读取 T_1、T_2、电流表的示数,并将数据记入表 24-1 中。

  (6)然后将加热电压分别调到 60、70······150、160 V,重复(5)。

  (7)用测量温差电压表(mV1)替换上述(3)中的测量温差电流表(μA),如图 24-1(b),用导线将 mV1(或 mV2)与铝的两端点 M 和 N 相连,测量温差电压。其他设置和操作步骤同上述(5)和(6)。

  (8)将上述(1)中待测金属材料"铝—铜—铝"换成待测金属材料"铁—铜—铁",按次序接好,将其中一个接触点 C 在热源中穿过,并固定在绝热支架上;用导线将 mV1(或 mV2)与铁的两端点 M 和 N 相连,测量温差电压。其他设置和操作步骤同上述(5)和(6)。

  (9)将上述(8)中待测金属材料"铁—铜—铁"换成待测金属材料"铁—

铝—铁",按次序接好,将其中一个接触点 C 在热源中穿过,并固定在绝热支架上;用导线将 mV1(或 mV2)与铁的两端点 M 和 N 相连,测量温差电压。其他设置和操作步骤同上述(5)和(6)。

表 24 - 1　不同材料组合塞贝克系数测量结果

加热电压/V		50	60	···	150	160
高温端温差电压对应的温度 T_1/℃						
低温端温差电压对应的温度 T_2/℃						
温差电流 $I/\mu A$						
铜—铝	温差 $\Delta T_{ab} = T_1 - T_2$					
	温差电压 E_{ab}/mV					
	相对塞贝克系数 S_{ab}					
铜—铁	温差 $\Delta T_{ac} = T_1 - T_2$					
	温差电压 E_{ac}/mV					
	相对塞贝克系数 S_{ac}					
铁—铝	温差 $\Delta T_{bc} = T_1 - T_2$					
	温差电压 E_{bc}/mV					
	相对塞贝克系数 S_{bc}					

(10) 分别以表 24 - 1 中的温差 ΔT 为横坐标,E 为纵坐标作直线,可得到三条直线的斜率,由式(24 - 1)知直线斜率即为相应材料的相对塞贝克系数 S_{ab}、S_{ac} 和 S_{bc}。

(11) 分别将(10)求得的相对塞贝克系数 S_{ab}、S_{ac} 和 S_{bc} 代入式(24 - 2)、式(24 - 3)和式(24 - 4),可得三个方程,解此方程组可分别求得材料的绝对塞贝克系数 S_a、S_b 和 S_c。

24.4.2　制冷或制热效率的测量

(1) 将待测金属材料按"铝—铜—铝"的次序接好,并固定在绝热支架上,如图 24 - 5 所示。

（2）将温度测量探头 T_1、T_2 分别与接触点 C 和 D 相连，测量接触点的温度。

（3）将电流源用导线与铝的两端点 M 和 N 相连，构成回路，如图 24 - 2 所示。

表 24 - 2　不同材料组合的珀耳帖效应的制冷制热效率测量

材料组合类型	电流源输出电流 I/mA	500	600	...	900	1 000
铜—铝	高温端温差电压对应的温度 T_1/℃					
	低温端温差电压对应的温度 T_2/℃					
	温差 $\Delta t_{ab} = (T_1 - T_2)$/℃					
	效率 $\eta = (\Delta t_{ab}/I)$/℃·mA^{-1}					
铜—铁	高温端温差电压对应的温度 T_1/℃					
	低温端温差电压对应的温度 T_2/℃					
	温差 $\Delta t_{ac} = (T_1 - T_2)$/℃					
	效率 $\eta = (\Delta t_{ac}/I)$/℃·mA^{-1}					
铁—铝	高温端温差电压对应的温度 T_1 读数/℃					
	低温端温差电压对应的温度 T_2 读数/℃					
	温差 $\Delta t_{bc} = (T_1 - T_2)$/℃					
	效率 $\eta = (\Delta t_{bc}/I)$/℃·mA^{-1}					

（4）旋转电流源的"电流调节"旋钮，控制电流源输出的通过材料的电流大小，在接触点 C 和 D 产生珀耳帖热；示值从零开始，按表 24 - 2 方案增大（或自行设计方案）。

（5）先将电流源输出的电流调到 500 mA，待高温端温度 T_1 读数和低温端温度 T_2 读数稳定后，读取温度计 T_1、T_2 的示数，并将数据记入表 24 - 2 中。

（6）然后将电流源输出的电流分别调到 60、70……150、160 mA，重复（5）。

（7）将上述（1）中待测金属材料"铝—铜—铝"换成待测金属材料"铁—铜—铁"，按次序接好，将其中一个接触点 C 在热源中穿过，并固定在绝热支架上;其他设置和操作步骤同上述(5)和(6)。

(8) 将上述(1)中待测金属材料"铁—铜—铁"换成待测金属材料"铁—铝—铁",按次序接好,将其中一个接触点 C 在热源中穿过,并固定在绝热支架上;其他设置和操作步骤同上述(5)和(6)。

(9) 根据 $\eta = \Delta t_{bc}/I$ 计算不同材料组合的制冷或制热的效率 η,并进行分析对比。

24.4.3　汤姆孙系数的测量

(1) 将一根待测铜导线之间的 C 点固定在"热源 1"(或"热源 2",或"热源 3")支架上,并使 C 点到两端点的长度不等,如图 24 - 3(a)中的 CM 和 CDN;在 M 和 N 之间接入测量温差电压的电压表(mV)。

(2) 在 C、M、N 三处分别接入温度计 T1、T2 和 T3,测量三处的温度。

(3) 旋转热源 1 的"电压调节 1"旋钮,改变加热电源的输出电压和电流,给 C 点材料加热,使温度升高;示值从零开始,按表 24 - 3 方案增大(或自行设计方案)。加热电源与发热管的连线已在实验仪内部接好。

表 24 - 3　不同材料的汤姆孙系数测量结果

材料类型	加热电压/V	50	60	⋯	150	160
铜	M 处 T_1 温差电压对应的温度 T_M/℃					
	N 处 T_2 温差电压对应的温度 T_N/℃					
	温差 $\Delta T_a = (T_M - T_N)$/℃					
	温差电压 $\Delta \varepsilon$/mV					
	汤姆孙系数 $T_{ma} = \Delta \varepsilon/\Delta t_a$					
铝	M 处 T_1 温差电压对应的温度 T_M/℃					
	N 处 T_2 温差电压对应的温度 T_N/℃					
	温差 $\Delta T_b = (T_M - T_N)$/℃					
	温差电压 $\Delta \varepsilon$/mV					
	汤姆孙系数 $T_{mb} = \Delta \varepsilon/\Delta T_b$					

（续表）

材料类型	加热电压/V	50	60	⋯	150	160
铁	M 处 T_1 温差电压对应的温度 T_M/℃					
	N 处 T_2 温差电压对应的温度 T_N/℃					
	温差 $\Delta T_c = (T_M - T_N)$/℃					
	温差电压 $\Delta \varepsilon$/mV					
	汤姆孙系数 $T_{mc} = \Delta \varepsilon / \Delta T_c$					

（4）先将加热电压调到 50 V，待 M、N 处的温度 T1 和 T2 的读数稳定后，读取 T1、T2 和测量温差电压的电压表示数，并将数据记入表 24-3 中。

（5）然后将加热电压分别调到 60、70……150、160 V，重复（5）。

（6）将上述（1）中待测金属材料铜导线换成待测金属材料铝导线，其他设置和操作步骤同上述（4）和（5）。

（7）将上述（1）中待测金属材料换成铁导线，其他设置和操作步骤同上述（4）和（5）。

（8）根据式（24-17）分别求不同材料的汤姆孙系数。

24.5　实验方法延伸和创新实训

（1）训练基于科学原理的创新思维。根据本实验的式（24-1）表明，因温差产生的电动势与温差和材料的相对塞贝克系数成正比，如果要用废热发电，应采用相对塞贝克系数大的材料和提高温差。根据这个科学原理，具体训练内容如下：① 探索选择哪两种材料的组合，能使相对塞贝克系数较大；② 如何提高温差；③ 进一步探索不同材料组合、横截面积、长度、连接方式（串联或并联）与温差电动势的数量关系；④ 寻找利用塞贝克效应测量温度和发电的可行方案。根据实验原理，设计实验方案和操作步骤、记录数据及处理过程，通过对比，提出自己的见解和主张。

（2）训练探究科学原理的能力。本实验根据式（24-9），通过测量温度和电流,间接求得不同材料组合的制冷或制热的效率 η,而不能测量珀耳帖系数,困难的问题是吸收或放出的珀耳帖热,很难定量测量。具体内容如下:① 试设计测量珀耳帖热的实验装置和方案,从而求出珀耳帖系数,根据实验原理,设计实验方案和操作步骤、记录数据及处理过程;② 进一步探索不同材料组合、横截面积、长度、连接方式(串联、并联)与制冷或制热效率 η 的数量关系,寻找更大 η 的材料组合;③ 设计和制作制冷机或制热机的可行方案,根据实验原理,设计实验方案和操作步骤、记录数据及处理过程,通过对比,提出自己的见解和主张。

(3) 训练应用科学原理的能力。汤姆孙效应是发生在同种材料的温差电效应现象,根据式(24-14)测量汤姆孙系数。具体内容如下:① 根据式(24-11),应用汤姆孙效应设计制作制冷机或制热机的可行方案;② 根据式(24-13),应用汤姆孙效应设计制作发电机的可行方案。根据实验原理,设计实验方案和操作步骤、记录数据及处理过程,通过对比,提出自己的见解和主张。

第 25 章
温度传感器特性的研究

　　温度表示物体的冷热程度,是物体大量分子热运动平均动能的集体表现和剧烈程度的标志。测量温度的方法有① 膨胀测温法,即采用体积、长度作为温度的标志,如水银温度计、酒精温度计和甲苯温度计;② 压力测温法,采用压强作为温度的标志,如工业用压力表式温度计、定容式气体温度计和蒸汽压温度计;③ 电学测温法,采用电学量作为温度的标志,如热电偶温度计、电阻温度计和半导体热敏电阻温度计;④ 磁学测温法,采用磁化率作为温度的标志,磁温度计可测量小于 1 K 的超低温;⑤ 声学测温法,采用声速作为温度标志,如声学温度计;⑥ 频率测温法,采用物体的固有频率随温度变化作为温度标志,频率温度计的测量准确度最高,如石英晶体温度计的分辨率可达到万分之一摄氏度或更小。此外还有核磁四极共振温度计。

　　传感器技术随着现代测量、控制和自动化技术的发展,作用日益显著,越来越受到人们的重视。传感器是将各种非电量(包括物理量、化学量、生物量等)按一定规律转换成便于处理和传输的另一种物理量(一般为电量)的装置。传感器的种类很多,有温度传感器、压力传感器、位移传感器、速度传感器、加速度传感器、湿度传感器等。

　　温度传感器是利用物质的物理性质与温度的关系,把温度转换为电量的传感器,最为普遍的是把温度转换为电势和电阻的方法。由于温度测量的普遍性,温度传感器的数量在各种传感器中居首位,约占 50%。在医疗、食品、水电站、石油化工、冶金业、印染及制药等行业中均有广泛的应用。

　　本实验将讨论温度转换为电势的热电偶温度传感器特性。

25.1　实　验　目　的

(1) 掌握热电偶传感器的结构和组成。

(2) 掌握热电偶温度计的定标以及用热电偶温度计测温的原理。

(3) 学习差分放大器测量热电偶温差电动势的基本原理。

(4) 研究热电偶传感器的特性。

25.2　实　验　原　理

本实验主要介绍金属热电偶的测温原理和实现方案。

25.2.1　热电偶测温原理

热电偶亦称温差电偶,如图 25-1 所示,两种不同材料的金属丝 A、B 的端点 C 和 D 彼此紧密接触而形成回路,当两个接点 C 和 D 处于不同温度时,在回路中产生直流电动势 E,该电动势称为温差电动势,或称塞贝克电动势。当组成热电偶的材料一定时,由第 24 章的塞贝克效应可知,温差电动势 E 仅与两接点 C 和 D 处的温度 T、T_0 有关,并且两接点的温差在一定的温度范围内有如下近似关系式:

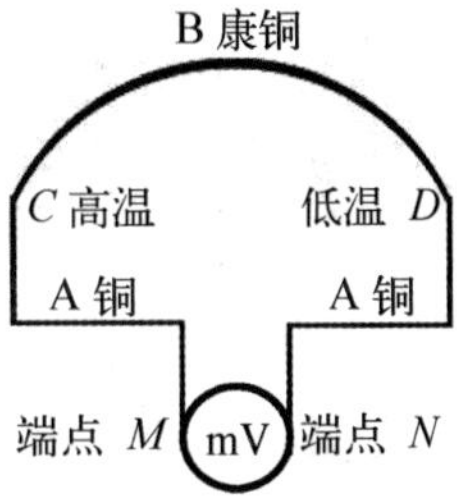

$$E = \alpha(T - T_0) \qquad (25-1)$$

图 25-1　热电偶测温原理

式中,α 称为温差电系数,又称塞贝克系数,对于不同材料组成的金属热电偶,α 不同,其数值就等于两接点温度差为 1 ℃时所产生的电动势。

本实验选用金属材料铜和康铜组成的热电偶,适用的测温范围为 $-200 \sim +200$ ℃,如图 25-1 所示,把铜与康铜的两个端点分别焊接在一起,其中一端置于待测高温度处,如 C 点;另一个端点置于冷端处,如 D 点(本实验处于室温状态),将铜线截断后的端点 M、N 之间接入电压表,组成一个热电偶温度计。由于 CM 和 DN 都是铜材料,没有改变热电偶原来的性质,所以不影响热电偶在温差 $T - T_0$ 下产生的塞贝克电动势 E 值。将式(25-1)改写为

$$T = E/\alpha + T_0 \qquad\qquad (25-2)$$

式中,T_0 是冷端温度,一般取已知的室温;T 为待测的高温端温度。由式(25-2)可知,待测的高温端温度 T 与温差电动势 E 存在线性关系,直线的斜率是塞贝克系数的倒数,通过实验测量,可获得高温端温度 T 与温差电动势 E 的定标直线方程,根据定标直线方程,只要测得相应的温差电动势,就可求出待测温度。

热电偶温度计的优点是热容量小、灵敏度高、反应迅速及测温范围广,还能直接把非电学量温度转换成电学量。因此,在自动测温、自动控温等系统中,常用热电偶制作温度传感器。

25.2.2 温差电动势的测量方法

由于铜与康铜产生的温差电动势比较小,100 ℃ 的温差产生的温差电动势只有 4 mV 左右,因此本实验将温差电动势经差分放大器放大后,如图 25-2 所示,再通过数字电压表测量,提高对温差电动势的测量精度、灵敏度和分辨率。将图 25-1 中温差电动势输出的端点 M、N 分别与图 25-2 差分放大器的输入端 1、2 相连,差分放大器的输出端 3、4 与数字电压表相连,温差电动势经差分放大器放大后,由输出端 3、4 输送到数字电压表,测量放大后的电压。

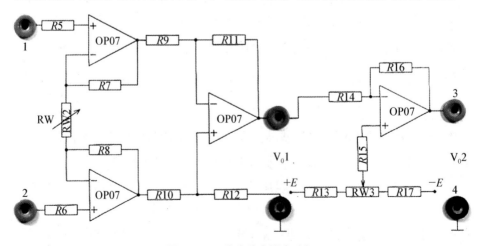

图 25-2 差分放大器电路框

25.3　实验仪器和用具

实验装置如图 25-3 所示,包括铜与康铜组成的待测热电偶、热源、加热电源、差分放大器、数字温度计及控制器、稳压电源、直流数字电压表。待测热电偶置于热源中,其两个端点引出到 M 和 N;加热电源提供加热电流输送到热源发热,改变待测热电偶的温度;差分放大器的 1、2 端接收由待测热电偶 M、N 输出的温差电动势,并进行放大,放大后的温差电动势通过差分放大器的 3、4 端输送到直流数字电压表进行测量;数字温度计及控制器控制和测量待测热电偶高温端(热源)的温度,其温度信号由 5、6、7 引出,并分别与 8、9、10 相连,送到数字温度计及控制器,对温度进行测量和控制;稳压电源是差分放大器的工作电源。

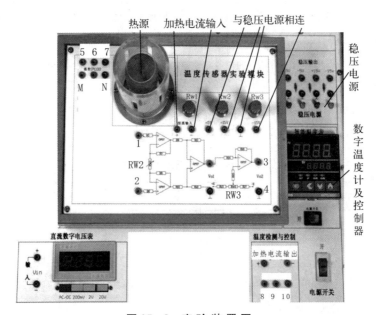

图 25-3　实验装置图

25.4　实 验 内 容

(1) 待测热电偶的 M 和 N 与差分放大器的 1、2 端相连;差分放大器的 3、4 端与直流数字电压表的输入端相连;加热电源的加热电流输出与加热电流输入相连；温度检测与控制的 8、9、10 端分别与温度信号 5、6、7 端相连；差分放大器所需的工作电压分别与稳压电源相连。

(2) 差分放大器输入为零调节。打开电源开关，将差分放大器的 1、2 端用导线连接，使输入为零，观察数字电压表的示数，如果不为零，则调节差分放大器的 RW2 和 RW3，使其示数为零。

(3) 对热电偶进行定标：按(1)接线，打开数字温度计及控制器的开关，数字温度计起始显示的数值为室温，读取该数值，并记入表 25-1 中；此时加热电源已开始输出电流对热电偶进行加热，温度开始升高，观察数字温度计和数字电压表窗口显示的数值；每当温度改变 10 ℃，读取温度和电压的值，并记入表 25-1 中，直到温度达到 120 ℃，断开加热电源"加热电流输出"与"恒流输入"之间的连接，则停止加热。

(4) 以高温端温度 T 为横坐标，数字电压表读数 U 为纵坐标作图，求直线斜率，由式(25-1)知，该直线斜率即为热电偶的温差电系数 α 的倒数。

(5) 利用热电偶根据式(25-2)测量温度，停止加热后热电偶所处的热源温度不断下降，观察数字电压表示值的变化，当热源温度下降到与室温相同时，数字电压表的示值接近零。读取数字电压表示值每降一定值时的数据，记入表 25-1 中，并根据式(25-2)求温度，填入表中。

表 25-1　热电偶进行定标数据(起始温度 $T_0 = $ ____ ℃)

定标：高温端温度 T/℃	40	50	⋯	110	120
定标：数字电压表读数 U/V					
温差电系数 α					
利用热电偶，根据式(25-2)测量温度					
冷却时数字电压表读数 U/V					
冷却时高温端待测温度 T/℃					

25.5　实验方法延伸和创新实训

(1) 训练基于科技发展趋势的探索能力。在纺织领域，以聚合物为基底的温度传感器不能满足柔性和精度的需求,需要研发更精密、高曲率的温度传感器,采用纺织材料为基底的柔性温度传感器不仅可以用来制作智能服装,还可以应用在众多领域进行精准的温度测量,因此加速以纺织材料为基底的柔性温度传感器的研究非常有意义。根据实验原理,设计实验方案和操作步骤、记录数据及处理过程,通过分析对比,提出自己的见解和主张。

（2）训练解决实际需求存在的科技问题能力。在探测大气环境的传感器中,由于太阳辐射的影响,地表气象站观测到的气温会高于真实大气温度,导致存在 1 ℃量级的辐射误差。随着人们对气候变化的重视,对测量大气温度传感器的精度要求也越来越高,为了降低大气环境探测的辐射误差,有必要研发一种低辐射误差的温度传感器。延伸温度传感器原理,寻找合适的元件,设计低辐射误差的温度传感器,根据实验原理,设计实验方案和操作步骤、记录数据及处理过程,通过分析对比,提出自己的见解和主张。

（3）训练探索科技发展新趋势的能力。在光纤传感领域中,将具有较大热光系数或热膨胀系数的敏感材料与光纤微结构相结合是光纤传感领域发展的一种趋势。在光纤微结构中加入温度敏感材料,直接或者间接对光信号产生调制作用,使得光纤传感结构对温度体现出高灵敏度的响应。相比于传统的全光纤结构,这类传感器对温度的响应更高,有着无可比拟的优势。试着分析并讨论几种典型波长光纤温度传感器的研究现状,完成调研和分析报告。

第 26 章
热敏电阻特性研究

热敏电阻指材料的电阻值随着温度的变化而改变的电阻元件,其中电阻值随温度的升高而减小的称为负温度系数热敏电阻(negative temperature coefficient thermistor,NTC),用它制作的温度计和传感器,适用测量范围为$-100\sim300$ ℃。NTC 广泛应用于家用空调器的过滤网除尘提示、吸尘器的除尘提示、燃气热水器的排风监测、冷气计量计费等。

电阻值随温度的升高而增大的称为正温度系数热敏电阻(positive temperature coefficient thermistor,PTC),适用测量温度范围为$-50\sim150$ ℃。当超过一定的温度(居里温度)时,它的电阻值随着温度的升高呈阶跃性的增高,广泛用于电池、安防、医疗、科研、工业电机、航天航空等领域中,可对电子电气的过热进行保护,还可用作温度开关。

26.1 实 验 目 的

(1) 学习热敏电阻的电阻与温度关系及应用。
(2) 掌握测量热敏电阻温度特性的实验方法。

26.2 实 验 原 理

本实验重点介绍金属铂和半导体热敏电阻的温度特性和测量方法。

26.2.1 铂电阻温度特性的测量方法

铂电阻是温度传感器中常用的一种热敏元件,它是过渡金属,熔点高达 1 773 ℃,具有密度大、延性强,可拉成很细的铂丝、极薄的铂箔,不溶于强酸强碱和在空气中不易氧化的特点。铂电阻 R_P 在 0～630.74 ℃ 范围内,与温度 T 的关系为

$$R_P = R_0(1 + AT + BT^2) \qquad (26-1)$$

式中,R_0 是温度为 0 ℃时铂的电阻值,本实验 $R_0 = 100$ Ω;参数 $A = 3.968\ 4 \times 10^{-2}/℃$,$B = -5.084\ 7 \times 10^{-7}/℃$。由式(26-1)可知,如能准确测出某温度对应铂的电阻值,即可求得温度 T,这是用铂电阻制作温度计和温度传感器的理论依据。

由 A 和 B 的值可知,铂的电阻值随温度的变化而改变的程度不大,对电阻的测量装置分辨率和灵敏度要求高,为此需采用非平衡电桥和差分放大器对电阻进行精准测量。如图 26-1 所示,将待测铂电阻接在桥臂的 a 与 b 两点,构成直流单臂非平衡电桥;将 a 和地接入 5 V 直流电压;将 b 和 e 与差分放大器相连,放大后的电压 V_0 与电压表相连,将电阻大小转化为电压大小;电桥的其

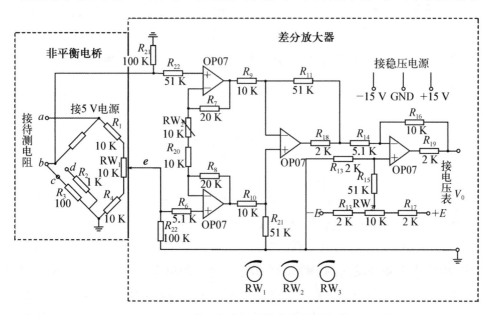

图 26-1 非平衡电桥和差分放大器电路图

他三个臂电阻不变,因温度的变化引起铂的电阻值改变,而致使电桥 b 和 e 两点的电位改变,所以放大后的电压 V_0 与铂的电阻值存在一一对应的线性关系。

铂电阻内部引线有二线制、三线制和四线制,二线制中引线电阻和接触电阻对测量的影响最大,用于测量精度不高的场合;三线制可以减小热电阻与测量仪之间连接导线的电阻,以及环境温度变化所引起的测量误差;四线制则可以消除引线电阻和接触电阻,用于要求测温精度较高的场合。

26.2.2 半导体热敏电阻温度特性

由于温度升高能使半导体热运动加剧,动能增大,使越来越多的载流子克服禁带或电离能,产生热跃迁,从而引起半导体电阻的变化。

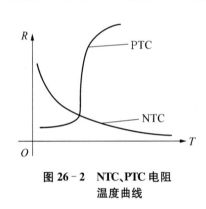

图 26-2 NTC、PTC 电阻温度曲线

负温度系数热敏电阻(NTC)通常是一种氧化物的复合烧结体,适合于 $-100\sim300\ ℃$ 范围内的温度测量。如图 26-2 所示,它的电阻值随着温度的升高而减小,主要用于温度测量。正温度系数热敏电阻(PTC)是由在 $BaTiO_3$ 和 $SrTiO_3$ 为主的成分中加入少量 Y_2O_3 和 Mn_2O_3 构成的烧结体。其特征曲线是随温度升高而阻值增大,开关型的 PTC 在居里点附近阻值发生突变,有斜率最大的区段,即电阻值突然迅速升高。PTC 适用的温度范围为 $-50\sim150\ ℃$,它主要用于过热保护和温度开关。

26.3 实验仪器和用具

如图 26-3 所示,实验装置包括待测的铂热敏电阻、NTC、PTC、热源、直流电桥、加热电源、差分放大器、数字温度计及控制器、稳压电源、直流数字电压表。待测铂热敏电阻、NTC、PTC 置于热源中,它们各自的脚引出到面板;加热电源提供加热电流输送到热源发热,改变待测热敏电阻的温度;将待测热敏电阻在面板上的引脚分别与直流电桥的 a 和 b 端相连;差分放大器的 1、2 与直流电桥的 e 和 b 两点相连,接收直流电桥的 e 和 b 两点的电位差,并进行放大,放大后的电压通过差分放大器的 3、4 端输送到直流数字电压表进行测量;数字温度计及控制器控制和测量待测热敏电阻的温度,待测热敏电阻的温度(即热源温度)信号由 5、6、7 端引出,并分别与数字温度计及控制器的 8、9、10 端相连,将待测热敏电阻的温度信号送到数字温度计及控制器,对温度进行测量和控制;稳压电源为差分放大器和直流电桥提供工作电源。

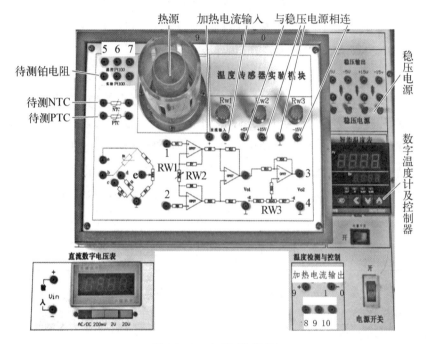

图 26 - 3 实验装置图

26.4 实 验 内 容

本实验将选用的待测热敏电阻有铂、NTC、PTC 三种。

26.4.1 接线

差分放大器的 1、2 端与直流电桥的 e 和 b 两点相连,3、4 与直流数字电压表的输入相连;加热电源的"加热电流输出"与"恒流输入"相连;温度检测与控制的 8、9、10 端分别与温度信号 5、6、7 端相连;差分放大器所需的工作电压分别与稳压电源相连,直流电桥的 a 点和地与稳压电源输出(5 V)相连,所有地线连接在一起。

26.4.2 测量金属铂热敏电阻的温度特性

(1)将待测铂电阻的左右 2 个引脚分别与直流电桥的 a 点和 b 点相连,将待测铂电阻接入电桥;b 和 c 相接,构成完整的直流单臂电桥。

(2)差分放大器的 1、2 端相连,输入为零,打开电源开关,调节 RW1、RW2 和 RW3,观察数字电压表的示数,使其示数为零。

(3)打开"数字温度计及控制器"的电源开关,数字温度计起始显示的数值为室温,读取该数值,并记入表 26-1 中;此时加热电源已开始输出电流到热源,对热敏电阻进行加热,温度开始升高,观察数字温度计和数字电压表窗口显示的数值;每当温度上升 10 ℃时读取温度和电压的值,并记入表 26-1 中,直到温度达到 100 ℃。断开加热电源输出与加热电源输入之间的连接,则停止对热敏电阻加热,温度开始下降,观察数字温度计和数字电压表窗口显示的数值;每当温度下降 10 ℃时读取温度和电压的值,并记入表 26-1 中,直到温度下降到 40 ℃。

表 26-1 热敏电阻的温度特性测量结果

	温度 T/℃	40	50	⋯	90	100
铂	升温电压 U_1/mV					
	降温电压 U_2/mV					
	平均电压 U/mV					
NTC	温度 T/℃					
	升温电压 U_1/mV					
	降温电压 U_2/mV					
	平均电压 U/mV					
PTC	温度 T/℃					
	升温电压 U_1/mV					
	降温电压 U_2/mV					
	平均电压 U/mV					

（4）以表 26-1 中的温度 T 为横坐标，平均电压 U 为纵坐标绘制直线，分析热敏电阻的温度特性。

26.4.3　测量 NTC 的温度特性

将待测 NTC 的 2 个引脚分别与直流电桥的 a 点和 b 点相连，接入电桥；b 和 d 相连，构成完整的直流单臂电桥；重复上述 26.4.2 中（2）（3）和（4）步骤。

26.4.4　测量 PTC 的温度特性

将待测 PTC 的 2 个引脚分别与直流电桥的 a 点和 b 点相连，接入电桥；b 和 d 相连，构成完整的直流单臂电桥；重复上述 26.4.2 中（2）（3）和（4）步骤。

26.5　实验方法延伸和创新实训

（1）训练应用科技的能力。日常使用的家用电器和理疗设备如电热靴、电热毯、热敷器、电热墙等，都存在安全隐患，温度过高可能导致火灾发生。请用本实验结果，设计控制温度、提高电器安全系数的方案，写出原理、制作方法、试验结果的报告。

（2）训练应用物体的属性解决实际问题的能力。目前日常使用的热水袋是用合金电热丝加热的，当发生漏水时电热丝会继续加热，导致无水情况下温度持续上升，引发火灾。如果采用正温度系数热敏电阻的陶瓷片作为加热元件，会将温度控制在 250 ℃或更低的安全温度下，在此温度下周围的材料和物品不会引燃，从而防止了火灾的意外发生。请用正温度系数热敏电阻，解决热水袋的安全隐患，设计制作更加安全的热水袋，写出原理、制作方法、试验结果的报告。

（3）训练发散思维的创新能力。本实验根据物体的属性，将温度转化为电阻和电压，使热敏电阻具有测温和控温的功能。请用热敏电阻的属性，设计控制空调温度的方案，使其更好地满足生活需求，写出原理、制作方法、试验结果的报告。

（4）训练利用物体的细节特性解决问题的创新能力。由本实验 PTC 热敏电阻可知，当温度小于居里温度时，电阻值随温度变化小，超过临界温度时，阻值急剧上升，利用这一特性，制作电路中的开关，保护电动机、变压器等的正常工作。写出原理、制作方法、试验结果的报告。

第 27 章
PN 结压降与温度关系的研究和应用

随着科技的发展,测量温度的方法越来越多,例如:热胀冷缩法、压力测温法、频率测温法、磁学测温法、声学测温法、黑体辐射法测温仪表、电学测温法等。本实验研究 PN 结与温度的关系。

早在 20 世纪 60 年代初,人们就开始探索利用 PN 结正向压降随温度升高而降低的特性测量温度的技术,由于当时 PN 结的参数不稳定,未能进入实用阶段。后来,随着半导体工艺水平的提高,到 20 世纪 70 年代,PN 结测温技术跻身于各个应用领域,到 80 年代中期我国就研制成功以 SiC 为材料的 PN 结温度传感器,其高温区可延伸到 500 ℃,并荣获国际博览会金奖。用 PN 结制作的温度传感器具有灵敏度高、线性好、热响应快和体积小轻巧等优点,尤其在温度数字化、温度控制以及用微机进行温度实时信号处理等方面,具有其他温度传感器所不能相比的优势,因而得到日益广泛的应用。目前灵敏度超过 100 mV/℃、分辨率不低于 0.1 ℃的硅集成电路温度传感器也已问世。但是这类温度传感器也存在不足,例如在非线性不超过标准值 0.5%的条件下,其工作温度一般在 −50～150 ℃范围内,与其他温度传感器相比,测温范围有局限性,需要我们继续探索解决问题的新技术。

27.1 实 验 目 的

(1) 掌握 PN 结正向压降与正向电流的伏安特性。

(2) 学习 PN 结正向压降随温度变化的基本规律。

(3) 掌握在恒流条件下,测绘 PN 结正向压降随温度变化的实验方法。

（4）学习测量 PN 结的灵敏度、材料的禁带宽度和玻尔兹曼常数。

27.2　实　验　原　理

本实验着重阐述半导体 PN 结的形成机理，介绍 PN 结正向压降与温度、正向电压与正向电流关系，分析非线性项大小及其影响，探讨 PN 结的禁带宽度和温度灵敏度的测量。

27.2.1　半导体 PN 结的形成机理

由于 P 型半导体材料带正电的空穴多，空穴浓度大于 N 型半导体材料；而 N 型半导体材料则相反，带负电的电子多，电子浓度大于 P 型半导体材料。当 P 型和 N 型半导体材料紧靠在一起时，P 型半导体材料中带正电的空穴因浓度大向 N 型半导体材料区扩散，N 型半导体材料中的电子浓度大向 P 型半导体材料区扩散，两者扩散的结果使得 P 型半导体材料中带正电的空穴与 N 型半导体材料中的电子在交界处复合；复合的结果使 P 型半导体材料因失去带正电的空穴而显负电性，N 型半导体材料因失去电子而显正电性；从而在 P 型区与 N 型区交界处形成一个由 N 型半导体指向 P 型半导体的内电场 $E_内$。如图 27-1 所示，由该内电场而产生的势垒 $U_内$ 阻止空穴和电子的扩散运动，使扩散运动减缓，并随空穴和电子扩散运动的持续而使 $U_内$ 增大，直至大到阻止载流子扩散运动到停止，从而在 P 型区与 N 型区交界处形成一个稳定的内电场

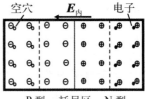

图 27-1　PN 结零偏下耗尽区

$E_内$，称之为 PN 结，在 PN 结两侧形成一个无自由载流子的耗尽区，呈现高阻抗。

当 PN 结反偏时，如图 27-2 所示，即 P 型区与外电源的负极相连，N 型区与外电源的正极相连，外加电场 $E_外$ 与内电场 $E_内$ 方向一致而得到加强，耗尽区变宽，势垒加强 $U_内 + U_外$，阻止载流子运动的能力提高，使 PN 结处于截止状态。

当 PN 结正偏时，如图 27-3 所示，P 型区与外电源的正极相连，N 型区与

外电源的负极相连,外加电场 $E_外$ 与内电场 $E_内$ 方向相反,合成的电场强度减小,耗尽区变窄,势垒削弱 $U_内-U_外$,阻止载流子运动的能力减小,使载流子能通过 PN 结,形成电流,PN 结处于导通状态。所以 PN 结具有单向导电性,电流方向从 P 指向 N。本实验探讨在此状态下,PN 结正向压降与电流、温度的关系。

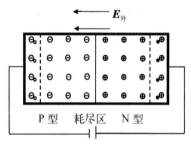

图 27-2　PN 结反偏下的耗尽区变大

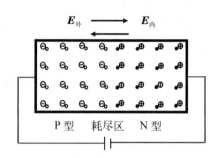

图 27-3　PN 结正偏下的耗尽区变小

27.2.2　PN 结正向电压与正向电流的指数关系

由半导体物理学的理论可知,理想 PN 结正向偏置时的正向电流 I_F 与压降 V_F 的关系为

$$I_F = I_s[\exp(qV_F/kT)-1] \tag{27-1}$$

式中,q 为电子电荷,k 为玻尔兹曼常数,T 为绝对温度;I_s 为反向饱和电流,是不随电压变化的常数。由于在常温(300 K)下,$\exp(qV_F/kT) \gg 1$,式(27-1)中括号内的第二项可以忽略不计,于是有

$$I_F = I_s\exp\frac{qV_F}{kT} = I_s\exp AV_F, \ A = \frac{q}{kT} \tag{27-2}$$

可见,PN 结正向电流与正向电压呈指数规律变化。若测得半导体 PN 结在特定温度 T 时的 I_F、V_F 的实验值,拟合 I_F、V_F 的指数函数,则可求得 I_s 和常数 q/k,进一步可计算得到玻尔兹曼常数 k。

在理论上,二极管的正向压降 V_F 与正向电流 I_F 存在较好的指数关系。在实际测量中,所求得的 k 值往往偏小,这是因为二极管正向电流 I_F 中不仅含有扩散电流,还含有其他电流成分,如耗尽层复合电流、表面电流等。在实验中,采用硅三极管来代替硅二极管,复合电流主要在基极出现,三极管接成共基极线路(集电极与基极相连),集电极电流中不包含复合电流。若选取性能良好的硅三极管,使它处于较低的正向偏置状态,则表面电流的影响可忽略。此时集电极电流与发射极-基极电压满足式(27-2),可得到更准确的 q/k 常数。

27.2.3　PN 结正向压降与温度的关系

通常式(27-2)中的 I_s 与 PN 结材料的禁带宽度和温度有关,而 PN 结材料禁带宽度 E_{g0} 是绝对零度时 PN 结材料导带底和价带顶间的电势差 V_{g0} 与基本带电量 q 之积,即 $E_{g0}=qV_{g0}$,V_{g0} 与反向饱和电流的关系为

$$I_s = CT^r \exp \frac{-E_{g0}}{kT} = CT^r \exp \frac{-qV_{g0}}{kT} \qquad (27-3)$$

式中,r 是常数,C 是与 PN 结面积、掺杂浓度等有关的常数。将式(27-3)代入式(27-2),两边取对数,可得正向电压 V_F 与 V_{g0}、温度 T 的关系为

$$V_F = V_{g0} - \left(\frac{kT}{q} \ln \frac{C}{I_F} \right) - \frac{kTr}{q} \ln T \qquad (27-4)$$

式(27-4)表明正向电压随温度的升高而减小,这是利用 PN 结测量温度和制作温度传感器的依据,其中 PN 结正向压降 V_F 与材料的禁带宽度 $E_g = qV_{g0}$ 成线性关系,而与正向电流和温度存在非线性关系。如果正向电流 I_F 恒定,假设式(27-4)中温度的线性项 $V_{g0} - \left(\frac{k}{q} \ln \frac{C}{I_F} \right) T = V_1$,温度的非线性项 $-\frac{kTr}{q}$ $(\ln T) = V_2$,为了使式(27-4)具有实际应用价值,必须分析非线性项 V_2 的影响。

27.2.4　非线性项的大小分析

若保持正向电流恒定,则式(27-4)中的 $\ln \frac{C}{I_F}$ 为常数,正向压降只随温度变化,设温度由 T_1 变为 T 时,正向电压由 V_{F1} 变为 V_F。根据式(27-4),消去其中的常数 $\ln \frac{C}{I_F}$,可得实际温度响应关系为

$$V_F = V_{g0} - (V_{g0} - V_{F1}) \frac{T}{T_1} - \frac{kTr}{q} \ln \left(\frac{T}{T_1} \right) \qquad (27-5)$$

按理想的正向电压与温度的线性响应,V_F 在温度为 T 时的变化率 $\dfrac{\partial V_F}{\partial T}$ 应等于 V_{F1} 在温度为 T_1 时的变化率 $\dfrac{\partial V_{F1}}{\partial T}$,当温度由 T_1 变为 T,正向电压的理想值应为

$$V_{理想} = V_{F1} + \frac{\partial V_{F1}}{\partial T}(T - T_1) \tag{27-6}$$

由式(27-4)可知

$$V_{F1} = V_{g0} - \left(\frac{kT_1}{q}\ln\frac{c}{I_F}\right) - \frac{kT_1 r}{q}\ln T_1 \tag{27-7}$$

对式(27-7)两边求导得

$$\frac{\partial V_{F1}}{\partial T} = -\frac{k}{q}\ln\frac{c}{I_F} - \frac{kr}{q}\ln T_1 - \frac{kr}{q} \tag{27-8}$$

再根据式(27-7)可求得 $\ln T_1$,并将它代入式(27-8),有

$$\frac{\partial V_{F1}}{\partial T} = -\frac{V_{g0} - V_{F1}}{T_1} - \frac{kr}{q} \tag{27-9}$$

将式(27-9)代入式(27-6),可得理想的线性温度响应关系为

$$V_{理想} = V_{F1} + \left(-\frac{V_{g0} - V_{F1}}{T_1} - \frac{kr}{q}\right)(T - T_1)$$

$$= V_{g0} - (V_{g0} - V_{F1})\frac{T}{T_1} - \frac{kr}{q}(T - T_1) \tag{27-10}$$

比较理想响应式(27-10)和实际响应式(27-5),可得实际响应与理想响应的理论偏差为

$$\Delta = V_{理想} - V_F = \frac{kr}{q}(T_1 - T) + \frac{kTr}{q}\ln\left(\frac{T}{T_1}\right) \tag{27-11}$$

设 $T_1 = 300$ K,$T = 310$ K,取电荷基本带电量 $q = 1.602 \times 10^{-19}$ C,玻尔兹曼常数 $K = 1.38 \times 10^{-23}$ J/K,$r = 3.4$,代入式(27-11)可得 $\Delta = 0.048$ mV,而相应的 V_F 的改变量约为 20 mV,相比之下非线性项 V_2 引起的误差甚小,可忽略不计。

27.2.5　PN 结材料的禁带宽度和温度灵敏度

上述分析结果表明,在恒流供电 I_F 不变的条件下,温度变化范围不大时对硅二极管来说,温度范围为 $-50\sim150$ ℃,PN 结的正向压降 V_F 与环境温度 T 的关系,主要取决于线性项 V_1,非线性项 V_2 引起的误差可忽略不计。由此可将式(27 - 4)改写为

$$V_F = V_{g0} - \left(\frac{k}{q}\ln\frac{C}{I_F}\right)T = V_{g0} - ST \qquad (27 - 12)$$

式中,$S = \frac{k}{q}\ln\frac{C}{I_F}$,称为 PN 结正向压降随温度变化的灵敏度(mV/℃);式(27 - 12)表明 PN 结的正向压降随温度的升高而线性下降,是 PN 结测温的依据。如果将起始温度 T_0 对应的 PN 结正向压降 V_{F0} 设定为 $\Delta V = 0$,则对应温度为 T 时,由式(27 - 12)可得

$$\Delta V = S(T - T_0) = S\Delta T \qquad (27 - 13)$$

根据式(27 - 13),通过测量 ΔV 与 ΔT 的直线斜率,可求得 PN 结正向压降随温度变化的灵敏度 S。

由于 V_{g0} 是 PN 结材料在绝对零度 $T_0 = -273.2$ ℃时,导带底和价带顶间的电势差,由式(27 - 12)可知电势差为

$$V_{g0} = V_{F0} + S(T_0 - 273.2) \qquad (27 - 14)$$

式中,V_{F0} 是起始温度为 T_0 时对应的 PN 结正向压降,-273.2 是摄氏温标与开尔文温标之差。由此可得 PN 结材料的禁带宽度为

$$E_{g0} = qV_{g0} \qquad (27 - 15)$$

式中,q 是电荷的基本带电量。

27.3　实验仪器和用具

本实验装置包括实验测试仪和样品室,如图 27 - 4 所示,它们的线路关系如图 27 - 5 所示。其中实验测试仪含有① "加热恒流源"提供电流,由"加热电流调节"控制,将电流输送给样品室中的"加热器"发热,改变待测 PN 结的温

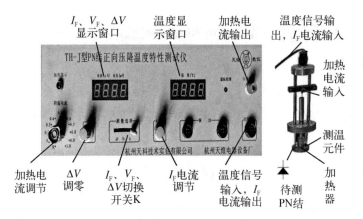

图 27-4 实验装置图

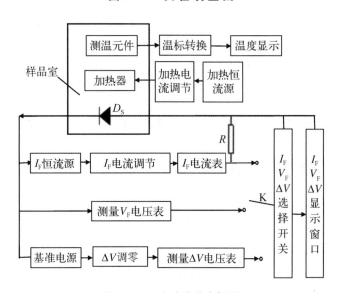

图 27-5 实验线路方框图

度;② 由样品室中的"测温元件"获取待测 PN 结的温度信息,送"温标转换"进行处理,结果送"温度显示器"显示;③ "I_F恒流源"输出电流,由"I_F电流调节"控制,通过"取样电阻 R"测量流过待测 PN 结的电流大小 I_F,由"I_F、V_F、ΔV 选择开关 K"将信息送"I_F、V_F、ΔV 显示窗口";④ "测量 V_F 电压表"通过"I_F、V_F、ΔV 选择开关 K"测量待测 PN 结的电压大小,并将测量结果送"I_F、V_F、ΔV 显示窗口";⑤ 测量 ΔV 的"基准电源",由"ΔV 调零"控制,"ΔV 电压表"通过"I_F、V_F、ΔV 选择开关 K"测量待测 PN 结的电压相对大小,并将测量结果送"I_F、V_F、ΔV 显示窗口";⑥ "I_F、V_F、ΔV 选择开关 K"切换信息输入通道,"I_F、V_F、

ΔV 显示窗口"显示电压或电流。

样品室含有① 加热器,通电发热,并置于铜座中间,改变整个铜座的温度;② 待测 PN 结,采用 3DG6 晶体管的基极与集电极短接作为正极,发射极作为负极构成一只二极管,置于铜座上加热器的附近,与铜座温度相同;③ 测温元件(AD590),置于铜座上加热器和待测 PN 结的附近,与铜座上待测 PN 结的温度相同;④ 样品室外的筒状金属容器,将固定在铜座上的加热器、待测 PN 结和测温元件装入其中并密封;⑤ 加热器、待测 PN 结和测温元件通过专用线与测试仪相连。

27.4　实　验　内　容

本实验内容包含实验系统的安装与连接、测定 PN 结正向电压与正向电流的指数关系、测定 PN 结正向电压与温度的关系。

27.4.1　实验系统安装与连接

(1) 取下样品室的外筒套,待测 PN 结管和测温元件分放在铜座的左、右两侧圆孔内,其管脚不与容器接触,然后放好筒盖内的橡皮圈,以防止冰水渗入室内,装上外筒套,将样品室放在冰水中进行降温。

(2) 如图 27 - 4 所示,"加热电流调节"开关置"关"位置。

(3) 用直插式导线将测试仪的"加热电流输出"插口与样品室的"加热电流输入"插口相连。

(4) 用两端带插头的四芯屏蔽电缆一端插入测试仪的"温度信号输入,I_F 电流输出"插座,另一端插入样品室顶部的"温度信号输出,I_F 电流输入"插座。连接时,应先将插头与插座的凹凸定位部位对准,再按插头的紧线夹部位插入;在拆除时,只可拉插头的可动外套部位,切勿扭转或硬拉,以免拉断引线影响实验。

27.4.2　测定 PN 结正向电压与正向电流的指数关系

本实验待测 PN 结样管采用 3DG6 晶体管的基极与集电极短接作为正极,发射极作为负极,构成一只二极管;测温元件采用 AD590。将 PN 结和测温元件置于同一铜座上,以保持温度相等。如果想从 0 ℃开始测量,将样品室埋入盛有冰水的杜瓦瓶中降温,也可从室温开始。

(1) 开启测试仪电源,预热数分钟后,将"I_F、V_F、ΔV 选择切换开关 K",拨到 I_F,旋转"I_F 电流调节",输出正向电流 $I_F=0\ \mu A$。

(2) 待温度冷却至 0 ℃时,将 K 拨到 V_F,读取"I_F、V_F、ΔV 显示窗口"中零度时正向电压 V_F 的初始值,并记入表 27-1 中。

本实验的起始温度可从室温开始,按上述步骤,测量 V_F。

(3) 按表 27-1 的要求(或自行设计方案),将"I_F、V_F、ΔV 选择切换开关 K"拨到 I_F,旋转"I_F 电流调节",使输出正向电流按表 27-1 方案从小到大改变,再将"I_F、V_F、ΔV 选择切换开关 K"拨到 V_F,分别测量对应的正向电压 V_F,记入表 27-1 中。

表 27-1 PN 结正向电压与正向电流的测量结果($T=0$ ℃)

正向电流 $I_F/\mu A$	0	1	2	⋯	9	10
正向电压 V_F/mV						
正向电流 $I_F/\mu A$	20	30	40	⋯	90	100
正向电压 V_F/mV						

(4) 根据表 27-1 的实验结果,利用数学软件,如 Maple,回归 I_F 与 V_F 的指数函数关系。根据式(27-2),V_F 前的系数 A 应等于 $A=\dfrac{q}{kT}$,由此可得玻尔兹曼常数为 $k=\dfrac{q}{AT}$,式中电荷基本带电量取 $q=1.602\times10^{-19}$ C,$T=273.2+0$ K,与玻尔兹曼常数公认值进行比较,求其误差。回归的指数函数前面的系数应等于反向饱和电流 I_s。

27.4.3 测定 PN 结正向电压与温度的关系

(1) 线路同上,将"I_F、V_F、ΔV 选择切换开关 K",拨到 I_F,旋转"I_F 电流调节",使输出正向电流 $I_F=50\ \mu A$,保持不变。

(2) 待温度冷却至 0 ℃时,将选择切换开关 K 拨到 V_F,读取"I_F、V_F、ΔV 显示窗口"中零度时正向电压 V_F 的初始值,并记入表 27-2 中。

(3) 再将开关 K 置于 ΔV,旋转"ΔV 调零",使 $\Delta V=0$。

本实验的起始温度可从室温开始,按上述步骤,测量 V_F,并使 $\Delta V=0$。

(4)将样品室从盛有冰水的杜瓦瓶中取出,放在室温中。旋转"加热电流调节",开启加热电源,进行变温实验,观察"温度显示窗口"中温度的示数,逐步提高加热电流到某一合适的值,使 PN 结所处的环境温度不断增加;如果 PN 结所处的环境温度升高过快,则旋转"加热电流调节",减少加热电流。应该注意的是,在整个实验过程中,升温速率要慢,且温度不宜过高,最好控制在 120 ℃左右。

(5)将开关 K 分别拨到 V_F、ΔV,分别读取 I_F、V_F、ΔV 显示窗口中不同温度时正向电压 V_F、ΔV 的值,并将结果记入表 27-2 中。

(6)按表 27-2 中的方案(或自行设计方案)读取"温度显示窗口"中温度的示数和"I_F、V_F、ΔV 显示窗口"中不同温度时的正向电压 V_F 和 ΔV 的值,并记入表 27-2 中。

(7)根据表 27-2 的实验结果,作 ΔV-ΔT 曲线,根据其斜率,可求得 PN 结正向电压随温度变化的灵敏度 $S(\mathrm{mV/℃})$。

表 27-2　PN 结正向电压与温度关系(正向电流
$I_F=50\ \mu\mathrm{A}$,起始温度 $T_0=$＿＿℃)

正向压降 $\Delta V/\mathrm{mV}$	0	10	20	⋯	90	100
正向压降 V_F/mV						
温度 $T/℃$						
温差 $\Delta T=(T-T_0)/℃$						

(8)根据表 27-2,将起始温度 T_0 和对应的正向电压 V_{F0} 代入式(27-14)求 V_{g0}。将此结果代入式(27-15),可估算被测 PN 结材料硅的禁带宽度 E_{g0},其中 $\Delta T=-273.2℃\mathrm{K}$,是摄氏温标与开尔文温标之差。将实验所得的 E_{g0} 与公认值 $E_{g0}=1.21\ \mathrm{eV}$ 比较,求其误差。

27.5　实验方法延伸和创新实训

(1)训练模仿能力。利用 PN 结正向电压与正向电流的关系,设玻尔兹曼常数为已知,求电荷基本带电量和反向饱和电流。写出实验原理、设计实验方案和操作步骤、记录数据及处理过程,将实验结果与电荷基本带电量的公认值比较,求其误差,分析误差产生原因,探索解决方法。

(2) 训练应变能力。在本实验 PN 结正向电压与温度关系的测量中,利用"基准电源"将起始温度 T_0 对应的 PN 结正向电压 V_F 改为 $\Delta V = 0$。如果没有冰瓶,起始温度 T_0 不为零,而是从室温开始,重新写出 PN 结正向电压与温度关系测量的实验原理、设计实验方案和操作步骤、记录数据及处理过程,将实验结果与起始温度 $T_0 = 0$ 开始进行对比,求其误差,分析误差产生原因,探索解决的方法。

(3) 训练探索能力。在本实验 PN 结正向压降与温度关系的测量中,利用"基准电源"将起始温度 T_0 对应的 PN 结正向压降 V_F 改为 $\Delta V = 0$,如果不作此改变,直接测量每个温度 T 对应的 PN 结正向电压 V_{FT},重新写出 PN 结正向压降与温度关系测量的实验原理、设计实验方案和操作步骤、记录数据及处理过程,将实验结果与起始温度 T_0 对应的正向电压改为 $\Delta V = 0$ 的实验结果,进行对比,求其误差,分析误差产生原因,探索解决的方法。

(4) 训练比较能力。本实验为了减小扩散电流、复合电流、表面电流和非线性项的影响,采用硅三极管来代替硅二极管。如果不替代而直接采用二极管,重新写出设计实验方案和操作步骤、数据记录及处理过程,将实验结果与采用三极管代替的实验结果进行比较,求其误差,分析误差产生原因,探索解决的方法。

参考文献

［1］龚镇雄.普通物理实验中的数据处理[M].西安：西北电讯工程学院出版社,1985.

［2］林抒,龚镇雄.普通物理实验[M].北京：人民教育出版社,1981.

［3］龚镇雄.漫话物理实验方法[M].北京：科学出版社,1991.

［4］龚镇雄,刘雪林.普通物理实验指导：力学、热学和分子物理学[M].北京：北京大学出版社,1990.

［5］杨述武.普通物理实验 1：力学及热学部分[M].北京：高等教育出版社,1983.

［6］杨述武,孙迎春,沈国土,等.普通物理实验 1：力学、热学部分[M].北京：高等教育出版社,2015.

［7］吴红玉.大学物理实验[M].上海：上海交通大学出版社,2015.

［8］张立.大学物理实验[M].上海：上海交通大学出版社,1988.

［9］欧阳玉花,贾向东.大学物理实验[M].北京：科学出版社,2018.

［10］李田军.基础力学实验指导书[M].武汉：中国地质大学出版社,2018.

［11］毛杰键,杨建荣.物理实验中的比较思想方法探析[J].上饶师范学院学报,2001,21(6)：36－38.

［12］杨建荣,毛杰键.超声波波速测量中谐振频率的调试技巧[J].大学物理实验,2002,15(1)：22－23.

［13］毛杰键,杨建荣.超声波波速测量装置中存在的三个问题[J].上饶师范学院学报,2002,22(6)：38－39.

［14］柳仕飞,陈勇清,毛杰键,等.三线摆无阻尼转动的非线性运动特性研究[J].上饶师范学院学报,2007,27(6)：26－30.

[15] 毛杰键.综合设计性物理实验开发的思考[J].上饶师范学院学报,2007,
27(3)：35-38.

[16] 毛杰键,庄玲,王志华.应用闪频法测量物体的转速[J].上饶师范学院学
报,2009,29(6)：30-31.

[17] 郑雪梅,程元飞,李伟,等.恒力作用下动量和动能定理的新实验方案
[J].上饶师范学院学报,2016,36(6)：42-44.

[18] 毛杰键,杨建荣,郭敏,等.矢量法求解矩形电流激发的磁场空间分布
[J].上饶师范学院学报,2016,36(6)：28-32.

[19] 郑雪梅,何星,毛杰键,等.验证变力作用下动量定理和能量定理的新实验
方案[J].上饶师范学院学报,2018,38(3)：28-32.